Marcus Wadsak

DONNERWETTER!

Marcus Wadsak

Donnerwetter!

201 Fakten über Sonne, Wind und Regen

edition a

Marcus Wadsak: Donnerwetter!

Lektorat: Ondřej Cikán, Esther Wratschko
Umschlagfoto: Lukas Beck (www.lukasbeck.com)

Schriften:
Acorde von Stefan Willerstorfer (www.willerstorfer.at)
Premiéra von Thomas Gabriel (www.typejockeys.at)

Typografie: Rainer Erich Scheichelbauer
Druck: CPI Moravia Books s.r.o. (www.cpi-moravia.com)

2 3 4 5 — 13 12 11 10

ISBN 978-3-99001-016-7

Geschichten, die der Himmel schreibt

Österreich ist ein Land mit eineinhalb Millionen Fußballtrainern. Jeder von ihnen sitzt bewaffnet mit Fernbedienung, Chips und Bier zu Hause vor dem Fernseher und sieht jedes Foul lange vor dem Schiedsrichter, erkennt jedes Abseits und hätte die bessere Mannschaftsaufstellung im Kopf. Elfer verschießen? Niemals! Übertroffen wird das Expertentum nur beim Wetter. Wir haben sicherlich doppelt so viele Chef-Meteorologen, und die Dunkelziffer liegt noch höher.

Kein Wunder, ist doch jeder von uns täglich im Wetter mittendrin. Das Wetter beeinflusst unser Leben massiv. Je nach Witterung schmieden oder verwerfen wir Freizeitpläne, wählen unsere Kleidung, und die Folgen eines vergessenen Regenschirms spürt man mehr als unangenehm am eigenen Leib. Ihr Wissen sammeln Hobbymeteorologen durch jahrelange Beobachtungen, Bauernregeln und vermeintliche Volksweisheiten. Liegt der Hobbymeteorologe mit seiner Prognose daneben und beendet ein Gewitter blitzartig das so schön geplante Gartenfest, dann ist der Schuldige schnell gefunden: Es sollte doch schön bleiben, hat ER gesagt! »ER« ist natürlich der Wetterfrosch im Radio oder Fernsehen, der doch noch am Vortag garantiert hat, dass es trocken bleiben würde – also zum Beispiel ich!

Seit mehr als 20 Jahren beschäftige ich mich intensiv mit dem Wetter, zunächst im Zuge meines Meteorologie-Studiums und seit gut 15 Jahren im ORF. Derzeit wecke ich Österreich morgens mit meinen Ö3-Wettervorhersagen und entlasse das Land abends via TV mit den Aussichten nach der »Zeit im Bild« aus dem Tag. Ich erzähle im Fernsehen und im Radio Geschichten, die der Himmel schreibt, erkläre Wetterphänomene und decke Irrtümer auf. Ich habe schon so oft und so viel über meteorologische Themen gesprochen, dass ich manchmal den Eindruck habe, irgendwann müsste jeder alles darüber wissen. Und dennoch sind die Neugier und das Interesse der Menschen an den Vorgängen in der Atmosphäre ungebrochen und schier unstillbar. Das Wetter wird immer das Smalltalk-Thema Nummer eins bleiben, geeignet für jede Party, für den Einstieg in jedes Gespräch, und sei es in eins mit dem Chef, ja selbst im Bus erklären wir manchmal wildfremden Menschen, dass es heute extrem heiß und schwül sei, und dass das Azoren-Hoch schuld daran sein muss.

Sie können sich wohl vorstellen, dass ich auch nach Dienstschluss noch oft mit dem Wetter konfrontiert bin. Da fragt mich zum Beispiel abends im Gastgarten eine Dame vom Nebentisch, ob sie morgen noch ein Sommerkleid tragen kann, oder ein Passant, den ich noch nie gesehen habe, versucht bei mir für seine Hochzeit am Wochenende schönes Wetter zu bestellen. Besonders stark häufen sich die Anfragen Ende November, wenn es um weiße Weihnachten geht.

Ich freue mich noch immer über jede Art von Wetterfragen und beantworte sie gerne. Sie zeigen mir immer wieder, wie wichtig das Wetter für uns ist, und wie wertvoll fundierte Prognosen sind. Vielen Menschen geht beim halbwegs ernsten Reden übers Wetter aber sehr rasch der Gesprächsstoff aus, oder sie halten voller Überzeugung an althergebrachten Irrtümern fest. In einer heiteren Runde, in der es ebenfalls ums Wetter ging, und darum, ob der Sommer wirklich nicht mehr so ist wie früher, entstand die Idee zu diesem Buch. Ein Freund fragte mich, ob es mir nicht auf die Nerven gehe, dieselben Fragen manchmal zum hundertsten Mal beantworten zu müssen. Er meinte, ich solle mein Wissen doch einfach in ein Buch schreiben und selbiges den interessierten Hobby-Meteorologen in die Hand drücken, statt Referate halten zu müssen.

Hier liegt er nun vor Ihnen: mein Versuch, meteorologisches Fachwissen in einfach verdaulichen Portionen so darzustellen, dass es gute Pointen für Ihren nächsten Smalltalk bietet und Ihnen zeigt, wie spannend, spektakulär und verblüffend das Wetter sein kann. Und vielleicht heißt es bald nicht mehr »... hat er gesagt«, sondern: »... hat er geschrieben«!

Marcus Wadsak, Oktober 2010

1 Saharastaub lässt Gletscher schmelzen

Wüstenstürme blasen jedes Jahr viele Millionen Tonnen Saharastaub in die Atmosphäre, um ihn dann zu den entlegensten Orten der Erde zu transportieren. So gelangt der Staub nicht nur nach Großbritannien und Schweden, sondern auch nach Österreich. Wirbelt ihn der Sahel, ein heftiger marokkanischer Wind, auf, kann er von einem starken Südwind wie dem Schirokko erfasst und nach Europa transportiert werden.

Er färbt dann oft den Himmel rot, sorgt für schlechte Sicht, verfärbt den Regen oder, was besser sichtbar ist, den Schnee. Ein auf diese Weise farblich veränderter Niederschlag wird oft als Blutregen bezeichnet. Nicht zu verwechseln ist dieses Phänomen allerdings mit der Blutregenalge, einer Süßwasseralge, die bei Massenvermehrung Gletscher und Wasserflächen mit grellroten Flecken überzieht. Auch das wird Blutregen genannt.

Legt sich der ockerfarbene Saharastaub auf die Gletscheroberfläche, verringert er ihre Albedo. Albedo kommt vom lateinischen Wort »albus«, »weiß«, und bedeutet in diesem Zusammenhang soviel wie Rückstrahlkraft. Der Gletscher nimmt nun mehr Energie von der Sonnenstrahlung auf, erwärmt sich und schmilzt. So tauchte auch im Jahr 1991, in dem es besonders viel Saharastaub-Niederschlag gab, die berühmte 5300 Jahre alte Mumie »Ötzi« aus dem Ötztaler Similaun-Gletscher auf. In der Antike und im Mittelalter, als es höhere Temperaturen gab als heute, war das wegen des damals niedrigeren Staubniederschlags nicht passiert.

Eine Staubschicht auf dem Schnee kann auch Lawinenabgänge begünstigen, indem sie für die auf ihr liegenden Massen gleichsam als Gleitöl funktioniert.

2 In Relation zur Fläche hat Österreich die meisten Klimazonen aller Länder Europas

In Europa herrscht die kühlgemäßigte Klimazone vor. Im Süden, zwischen der iberischen Halbinsel und den Küsten der Türkei, wird sie von der warmgemäßigten Zone des Mittelmeerraums abgegrenzt, im Norden, etwa ab dem mittleren Teil Schwedens über Finnland bis in das nördliche Russland, von der kaltgemäßigten Klimazone.

Die kühlgemäßigte Zone wird wiederum in drei Teile unterteilt. Im Westen, von der Nordküste Spaniens über Westfrankreich, Belgien bis nach Großbritannien spricht man vom ozeanischen Einfluss. Die Winter sind hier lau, fast ohne Schnee. Der Ozean, vor allem aber der warme Golfstrom sorgen hier für vergleichsweise gleichmäßige Temperaturen in allen Jahreszeiten.

Von Mitteleuropa bis zum Balkan spricht man vom Übergangstypus. Ab Ungarn und dem östlichen Polen bis nach Russland herrscht der kontinentale Einfluss. Dort sind die Sommer heiß und die Winter kalt, weil die Erde ihre Temperatur schneller verändert als das Wasser des Ozeans, und vor allem aufgrund des geschwundenen Einflusses des Golfstroms, der im Westen den Ausgleich zwischen den einzelnen Jahreszeiten schafft.

Österreich ist gerade einmal 83.871 Quadratkilometer groß und verfügt gleich über vier Zonen mit deutlich unterschiedlichen Wetterentwicklungen, nämlich erstens über den Übergangstyp der kühlgemäßigten Zone, zweitens über das Hochgebirgsklima der Alpen, drittens über das pannonische Steppenklima im nördlichen Burgenland mit kalten Wintern, heißen Sommern und wenig Niederschlag, und viertens über das illyrische Klima im Südosten Österreichs, das dem pannonischen ähnlich ist, mit der Ausnahme, dass die Niederschlagsmenge deutlich höher liegt.

Wegen der Erdrotation und der Trägheit der Luftmassen herrscht in unseren Breiten meistens der Westwind vor. Die Luft des atlantischen Ozeans verliert auf ihrem Weg nach Osten langsam aber sicher ihre Feuchtigkeit. So kann man den Übergang vom ozeanischen zum kontinentalen Klima auch bei uns in Österreich bemerken: Die Niederschlagsmenge ist im Westen höher als im Osten. Gleichzeitig dienen die Alpen, die eine Barriere für die Luftmassen darstellen, als sogenannte Wetterscheide. Im Norden des Alpenhauptkamms wird das Wetter eher ozeanisch beeinflusst, im Süden eher von der mediterranen Klimazone. Deswegen erreichen Autofahrer in kaum einem anderen Land so oft einen Tunnel bei Regen, um ihn bei Sonnenschein wieder zu verlassen oder umgekehrt. Besonders häufig geschieht das am Wechsel im Semmeringtunnel. Ähnliches gilt für die Tauernschleuse oder den Felbertauerntunnel.

Der Alpenhauptkamm ist dafür verantwortlich, dass in Tirol, Salzburg und Oberösterreich Schnee fallen kann, während Kärnten und die Steiermark trocken bleiben. Diese getrennte Wettersituation kann je nach Druckverhältnissen über Tage andauern, in manchen Jahren kann es sogar zu völlig unterschiedlichen Jahreswerten, etwa bei den Sonnenstunden oder den Regenmengen, kommen.

Wettervorhersagen sind wegen der Klimazonenvielfalt in Österreich schwieriger als in anderen europäischen Ländern.

3 Weißes Wasser verschluckt Schiffe

Über das Bermuda-Dreieck kursieren viele kuriose Geschichten. So versucht man das häufige Verschwinden von Schiffen und Flugzeugen in der Gegend etwa mit Magnetfeldstörungen, dem Auftreten von Panik verbreitendem Infraschall oder mit einer besonderen Häufigkeit von Monsterwellen zu erklären. Ein Ansatz erscheint mir aber besonders interessant, auch wenn er noch nicht belegt ist. Im Bermuda-Dreieck, also im nördlichen Teil der Karibik, gibt es große Unterwasservorkommen an Methanhydrat. Unter bestimmten Bedingungen wie leichten Seebeben kann sich das Methan lösen und wie Kohlendioxid in einer Mineralwasserflasche zur Oberfläche blubbern. So verringert sich plötzlich die Dichte des Wassers, und es ist für eine Schiffsbesatzung im Extremfall so, als würde sie auf einem Wildwasserfluss mit dem Kajak in den Schaum unter einem Wasserfall fahren. Und weil Schaum nicht trägt, sackt das Schiff ein.

4 Oft regnet es südlich der Alpen, während im Norden der Föhn weht

Das kommt daher, dass bei Südwind die Luft gezwungen wird, an der Südseite aufzusteigen. Dabei kühlt sie ab, und zwar um etwa ein Grad pro hundert Höhenmeter. Kalte Luft kann aber wegen ihrer niedrigeren Energie weniger Feuchtigkeit aufnehmen als warme. Wenn die Temperatur auf den sogenannten Taupunkt absinkt, bilden sich deshalb Wolken, in der Folge beginnt es zu regnen. Die Luft steigt nun weiter, ihre Temperatur sinkt aber nur mehr um etwa 0,6 Grad pro hundert Höhenmeter, weil beim Kondensieren des Wasserdampfs Energie frei wird. Ist der Gebirgskamm erreicht, beginnt die Luft zu fallen. Nun erhitzt sie sich wieder um ein Grad pro hundert Höhenmeter und ihre relative Feuchtigkeit sinkt rasant. Das Ergebnis ist ein warmer und extrem trockener Wind.Ähnliche Fallwinde sind an der Ostseite der Rocky Mountains der Chinook, auf Sumatra der Bohorok und auf der indonesischen Insel Sulawesi der Broebroe.

5 Blitze lassen neue Gesteinsarten entstehen

Der Stein Fulgurit ist nach dem lateinischen Wort für Blitz, nämlich »fulgur«, benannt. Er entsteht am Ort des Blitzeinschlages in der Erde. Der Blitz erhitzt den Boden auf etwa 30.000 Grad und schmilzt in einem schmalen Kanal alles zu einer Suppe aus flüssigem Glas zusammen. Fulgurite sind röhrenförmig und nur wenige Zentimeter breit.

6 Diesseits und jenseits eines Flusses ist das Wetter immer gleich

Entgegen einer weit verbreiteten Annahme fungieren Flüsse niemals als Wetterscheide. Wetterscheiden werden ausschließlich von Gebirgszügen gebildet. Lediglich bei kleinräumigen Regenschauern oder Gewittern kann es schon mal vorkommen, dass es in Krems, also nördlich der Donau, regnet, während südlich der Donau auf das Stift Göttweig die Sonne scheint. Die Donau selbst hat damit allerdings nichts zu tun. Sie liegt nur zufällig dazwischen.

7 Im ersten Stock ist der Luftdruck niedriger als im Erdgeschoß

Taucht ein U-Boot im Marianengraben, ist der Wasserdruck höher, als wenn es im Neusiedlersee wäre, weil das Boot über sich mehr Wasser hat. Dasselbe gilt für den Luftdruck. Je höher und dichter die Säule an Luftmolekülen ist, desto höher ist der Luftdruck. Er wird in Pascal gemessen, wobei hundert Pascal einem Hektopascal beziehungsweise einem Millibar entsprechen. Einfluss auf den Luftdruck haben die Höhe über dem Meer, die Lufttemperatur, da sich die Moleküle der warmen Luft stärker bewegen, sich folglich mehr Platz verschaffen und die Luft weniger dicht wird, die Luftfeuchtigkeit, da der Wasserdampf in der Luft recht schwer ist, und die geografische Breite. Pro acht Höhenmeter verändert sich der Luftdruck um einen Hektopascal. Das heißt, dass auf dem Dach eines üblichen Altbau-Wohnhauses der Luftdruck um zwei Hektopascal niedriger ist als im Erdgeschoß. Apropos: Auch wegen des ungleichmäßigen Erwärmens der Erdoberfläche durch die Sonnenstrahlung kommt es zu Druckunterschieden. Die Natur ist immer bestrebt solche Unterschiede rasch auszugleichen. Die Luft strömt aus den Hochdruckgebieten in die Tiefdruckgebiete. So entsteht Wind.

8 Ohne Erdrotation gäbe es bei uns nur Nordwind

Würde die Erde stillstehen, wäre die Temperaturverteilung auf dem Globus, sofern man die unterschiedlichen Eigenschaften von Wasserflächen und Erdmassen außer Acht lässt, gleichmäßig. Am Äquator wäre es am heißesten, an den Polen am kältesten, und die Isothermen, also die Linien, die auf meteorologischen Karten dieselbe Temperatur anzeigen, würden parallel zu den Breitengraden verlaufen. Am Äquator würde die warme Luft aufsteigen und über die höheren Schichten der Atmosphäre zu den Polen fließen. In den niedrigen Schichten würde die Luft wiederum immer von den Polen zum Äquator strömen. Wir hätten also immer Nordwind. Über den Polen würde ein Hochdruckgebiet herrschen, über dem Äquator wiederum ein Tiefdruckgebiet.

9 Mit der Klimaerwärmung werden Insekten und Spinnen größer

Insekten sowie Spinnen atmen vor allem passiv, das heißt, dass der durch die Haut aufgenommene Sauerstoff in feinen

Tracheen durch den Körper strömt. Je kälter es ist, desto langsamer bewegen sich die Luftmoleküle und desto kleiner muss das Krabbeltier sein, damit alle seine Organe versorgt werden können. Umgekehrt können Insekten umso größer werden, je wärmer es ist. Schließlich beeinflusst auch die Anzahl der Sauerstoffmoleküle in der Luft die Insektengröße.

10 Auf der Nordhalbkugel wird der Wind immer nach rechts abgelenkt

Die Erde dreht sich nun einmal, und die Luftmassen sind träge, und zwar genau so wie ein Gepäcksstück auf einem Autodach. Die wichtigste Kraft, die auf die Luft wirkt, ist die sogenannte Corioliskraft, die nach dem Physiker Gaspard Gustave de Coriolis aus dem neunzehnten Jahrhundert benannt ist.Es ist eine Kraft, die auf alle sich in einem rotierenden Bezugssystem bewegenden Körper wirkt. So ein rotierendes Bezugssystem ist auch der Planet Erde. Sie besagt, dass alle sich bewegenden Körper auf der Nordhalbkugel nach rechts abgelenkt werden und auf der Südhalbkugel nach links. Je näher man dem Pol ist, desto stärker ist diese Kraft. Es ist einfacher, als es klingt: Steht man nämlich auf dem Nordpol, ist es so, als würde man sich in der Mitte eines Ringelspiels befinden, das sich im Uhrzeigersinn dreht. Auf dem Südpol ist es umgekehrt.

Diese Kraft verursacht auch, dass sich auf der Nordhalbkugel das Wasser im Abfluss nach links, also gegen den Uhrzeigersinn, auf der Südhalbkugel aber entgegengesetzt dreht. Auf der Nordhalbkugel werden auch die rechten Ufer der Flüsse schneller erodiert als die linken. Und ebenso hat diese Kraft zur Folge, dass die Luftmassen von einem Hochdruckgebiet nicht einfach geradeaus in das Tiefdruckgebiet strömen, sondern auf der Nordhalbkugel immer nach rechts abgelenkt werden. In einem Hochdruckgebiet in Europa dreht sich die Luft also im Uhrzeigersinn nach außen und dringt spiralenförmig gegen den Uhrzeigersinn ins Tiefdruckgebiet. Gleichzeitig wirkt auf die rotierende Luft auch die Zentrifugalkraft, was die rotierende Luft zusätzlich beschleunigt. Wegen der unterschiedlichen Drehrichtung heißen die Tiefdruckgebiete auch Zyklonen, die Hochdruckgebiete hingegen Anti-Zyklonen.

11 Bei Vollmond ist es wärmer

Da der Mond nicht nur das Licht, sondern auch die Wärme der Sonne reflektiert, herrschen bei uns bei Vollmond höhere Temperaturen als bei Neumond. Allerdings nur um 0,03 Grad.

12 In Europa weht fast immer der Westwind

Weil sich die Erde dreht, kann die aufsteigende warme Luft vom Äquator nicht einfach schnurstracks nach Norden strömen, sondern wird durch die Corioliskraft nach rechts, also nach Osten abgelenkt. Etwa am dreißigsten Breitengrad weht sie dann endgültig Richtung Osten, wodurch dort Hochdruckgebiete entstehen. Die Luft schafft es also gar nicht auf geradem Weg zum Nordpol, auch nicht bei starkem Wind. Die zwei wichtigsten Hochdruckgebiete befinden sich im Atlantik über den Azoren, einer Gruppe von mehreren kleinen portugiesischen Inseln 1500 Kilometer westlich des europäischen Festlands – das berühmte Azorenhoch – und im Pazifik über Hawaii. Dort beginnen die Luftmassen zu rotieren und kehren entweder als Nordostwinde zum Äquator zurück, das sind die sogenannten Passat-Winde, oder brechen als Südwestwinde in Richtung Norden auf, also zum Beispiel nach Europa. Dennoch bleibt noch genug warme Luft übrig, die in höheren Atmosphärenschichten zum Nordpol strömen kann. Sie wird wieder durch die Corioliskraft nach rechts abgelenkt, also Richtung Nordosten. In Polnähe bilden sich wieder Hochdruckgebiete und schicken die abgekühlte Luft, ebenfalls nach rechts abgelenkt, in niedrigen Schichten als Nordostwind Richtung Süden zurück.

13 Wir lassen uns das Wetter aus dem Ausland liefern

Unser Wetter ist nicht hausgemacht. Wir importieren es entweder von den Azoren oder aus dem Nordosten und natürlich auch über den warmen Golfstrom, der im Golf von Mexiko seinen Ursprung nimmt und an Großbritannien und Norwegen vorbei bis zum russischen Hafen Archangelsk wandert. Die fast ganzjährig über den Azoren bestehende Hochdruckzone beschert uns im Sommer meist schönes Wetter mit angenehmen Temperaturen. In Österreich wird dieses sogenannte Azorenhoch wetterwirksam, wenn von Neufundland oder Island aus polare Luftmassen – das sogenannte Islandtief –

nach Süden wandern und das dortige Warmluftreservoir bedrängen, sodass dieses über die Iberische Halbinsel in unsere Richtung ausweichen muss. Aus dem Nordosten importieren wir im Winter die eisige Russlandkälte. Über den Golfstrom hingegen, holen wir uns warme Luft. Und die mildert besonders unsere Winter und macht den Unterschied zum kontinentalen Klima aus. Ähnlich, wie sich die Luftmassen in verschiedenen Höhen bewegen, transportiert auch der Golfstrom das warme Wasser an der Oberfläche nach Nordosten, um in tiefen Schichten kaltes Wasser zurück in den Südwesten zu bringen.

14 Eisbären bedienen sich des Treibhauseffekts

Eisbären haben bekanntlich ein ziemlich weißes Fell. Das dient aber nicht nur der Tarnung, sondern funktioniert ähnlich wie ein Glashaus oder wie die Treibhausgase, die unseren Planeten erwärmen. Die Haut des Eisbären ist schwarz, kann also sehr viel Sonnenwärme absorbieren. Das weiße Fell lässt die Strahlen zwar durch. Was an Wärme aber reflektiert werden würde, wird vom Fell wieder zur Haut zurückgeschickt. Deshalb lassen sich Eisbären auch kaum durch Wärmesensoren aufspüren.

15 Der Golfstrom funktioniert gut

Immer wieder lese oder höre ich, dass der Golfstrom bald den Geist aufgeben wird. Das ist vorwiegend Panikmache.

Er funktioniert nach wie vor reibungslos. Die Erderwärmung könnte den Klimamotor Golfstrom allerdings in Zukunft zum Stottern oder zum Absterben bringen. Würde das arktische Eis in hoher Geschwindigkeit abschmelzen, hätte das zur Folge, dass der Salzgehalt des Polarmeers und folglich auch seine Dichte sinken. So würde das Wasser des Golfstroms, selbst wenn es sich sehr abkühlt, am Absinken in tiefere Schichten gehindert werden und könnte nicht nach Mexiko zurückkehren. Die Folge einer Fehlfunktion des Golfstroms wäre eine Abkühlung Europas und Teilen Nordamerikas um vier bis sechs Grad. Da aus einem ausgekühlten Ozean auch nicht mehr allzu viel Wasser verdunsten könnte, würde es außerdem viel trockener und, wegen der stärkeren Temperaturdifferenz zu den Subtropen, auch wesentlich windiger werden. Derzeit ist eine derartig dramatische Veränderung aber noch nicht in Sicht.

16 Auch das Wetter hat Gipfel und Täler

Von den Höhenlinien auf einer Landkarte kann man ablesen, wie steil ein Berg ist: Je näher die Höhenlinien beieinander liegen, desto steiler ist er. Ähnliches kennt man auch aus dem Wetterbericht, nur zeigt eine Linie da nicht dieselbe Höhe über dem Meer, sondern denselben Luftdruck an. Diese Linien heißen Isobaren. Wie die Höhenlinien um die Gipfel und Täler sind auch die Isobaren um die Hoch- und Tiefdruckgebiete kreisförmig angeordnet. Wo ein besonderer Druckunterschied herrscht, sind auch die Isobaren besonders nah beieinander und herrscht auch der stärkste Wind, weil dort die Luft so schnell wie möglich vom Hochdruckgebiet ins Tiefdruckgebiet möchte.

17 Die Luft ist wählerisch

Wir wissen, dass warme Luft aufsteigt, weil sich die Moleküle schneller bewegen als in kalter Luft, und dadurch verringert sich ihre Dichte. Nun wissen wir aber auch, dass warme Luft mehr Feuchtigkeit aufnehmen kann. Deswegen regnet es in den Tropen so viel, weil dort die heißen Luftmassen aufgrund der großen Hitze geradezu in die Höhe geschleudert werden und schnell abkühlen müssen.

Trockene Luft verändert ihre Temperatur pro hundert Höhenmeter im Durchschnitt um ein Grad, mit Feuchtigkeit gesättigte Luft hingegen um 0,6 Grad. Um das zu verstehen und dann zum Thema der instabilen beziehungsweise stabilen Luftschichtung zu kommen, versuchen wir uns einmal in eine Einheit feuchter, warmer Luft hineinzufühlen: Dabei gehen wir allerdings davon aus, dass wir unsere physikalischen Eigenschaften nicht mit unserer Umgebung austauschen werden, wir werden also, wie die Fachkraft sagt, adiabatisch sein.

Es herrschen 20 Grad an der Erdoberfläche, 19,6 Grad in der Höhe von hundert Metern. Wir befinden uns genau in dieser Höhe, haben die entsprechende Temperatur, es kommt zu einer Druckveränderung und wir denken uns: Hier ist es zu eng, steigen wir doch um 200 Meter auf! Dort oben ist aber wiederum so viel Platz, dass wir uns genötigt sehen uns auszudehnen. Das ist mit einiger Arbeit verbunden, wir verlieren Energie, also Temperatur. Wären wir staubtrocken, würden wir um ganze zwei Grad abkühlen. Glücklicherweise sind wir aber feucht. Wir müssen jetzt zwar einen Teil unserer Feuchtigkeit abgeben, aber das stört uns nicht, weil wir dafür ein bisschen Energie in Form von Wärme zurückerhalten. Wir kühlen also nur um 1,2 Grad ab und haben jetzt auf dem Fieberthermometer 18,4 Grad stehen. Unsere Luft-Kollegen um uns herum sind aber trotzdem noch wärmer als wir. Sie haben nämlich 18,8 Grad Körpertemperatur. Für diese Gesellschaft sind wir zu schwer und müssen wieder zu unseresgleichen absinken.

Was sehen wir? Die Unterschiede der Lufttemperatur um uns herum betragen pro hundert Höhenmeter nur 0,4 Grad! Das ist weniger als 0,6. Und die Differenz von 0,6 Grad ist ja die, um die sich eine Lufteinheit wie wir pro hundert Höhenmeter abzukühlen oder aufzuwärmen pflegt. Wir sind in höheren Schichten also nicht willkommen, bleiben etwa da, wo wir sind, und es kommt zu keinen großen Umwälzungen oder Revolutionen. Man nennt dieses Phänomen eine stabile Schichtung.

Nun sind wir wieder ein warmes Lüftchen. An der Erdoberfläche herrschen wieder 20 Grad, in hundert Metern Höhe, wo wir uns befinden, aber 19,2. Auch wir haben diese Temperatur und wieder denken wir uns, dass wir lieber weiter oben unsere Zelte aufschlagen möchten. Wir steigen also um 200 Meter auf, sind müde, haben uns bereits abgekühlt und ausgeregnet und messen auf dem Fieberthermometer unter unserer Achsel genau 18 Grad. Die Gemeinschaft hier ist aber noch niedergeschlagener als wir, sie haben alle nur

17,6 Grad Körpertemperatur. Also gefällt es uns da nicht, und wir möchten weiter und weiter hinauf, bis uns so kalt ist, dass wir unsere Tränen nicht halten können und leider weinen müssen. Alle unsere verbliebene Tränenflüssigkeit kondensiert. Die Wettergötter sehen das nicht gern und beschwören ein Gewitter.

In diesem Beispiel lag die Temperaturdifferenz pro hundert Höhenmeter höher als bei den 0,6 Grad Durchschnitt, nämlich bei 0,8 Grad. In diesem Fall spricht man von einer instabilen Schichtung. Natürlich muss man dazu bedenken, dass die Luft ihre Temperatur erst um 0,6 Grad verändert, wenn sie bereits kondensiert. Vorher liegt die Differenz, wie wir am Anfang dieser Geschichte gesehen haben, noch bei einem Grad.

18 Im Winter ist die Sonne der Erde näher als im Sommer

Die Erde rotiert in einer leichten Ellipsenbahn um die Sonne. Der durchschnittliche Abstand der Sonne zur Erde beträgt rund 150 Millionen Kilometer, wobei uns die Sonne immer um den dritten Jänner am nächsten ist. Der Abstand beträgt dann etwa 147 Millionen Kilometer. Mit 152 Millionen Kilometern am weitesten weg ist sie an den Tagen um den fünften Juli. Natürlich ist es bei uns auf der Nordhalbkugel aufgrund der Neigung der Erdrotationsachse dennoch im Winter kälter als im Sommer, weil der Einfallswinkel der Sonnenstrahlen im Winter flacher ist. So muss das Sonnenlicht einen längeren Weg durch die Atmosphäre zurücklegen.

19 Die Warmfront ist eine flache Stiege

Wenn sich warme Luft schneller bewegt als die kalte Luft vor ihr, ist sie gezwungen, an ihr aufzusteigen und abzukühlen, was Regen zur Folge hat. Dieses Phänomen wird Warmfront genannt und auf meteorologischen Karten durch eine rote Linie mit Halbkreisen, die in Zugrichtung der Front zeigen, dargestellt. Typisch an der Warmfront ist, dass die warme Luft nur langsam in einer ziemlich geraden Linie und in einem spitzen Winkel zur Erdoberfläche aufsteigt, was lang andauernden Regen aus der grauen und eintönigen Nimbostratus-Wolke zur Folge hat. Vor dem Eintreffen der Front dreht der Wind gegen ihre Zugrichtung, weil es unter der aufsteigenden warmen Luft zu einer langsamen vertikalen Rotation der kalten Luft kommt. Man kann sich die Warmfront wie eine breite, flache Stiege vor einer Kirche vorstellen, über die die warme Luft langsam aber sicher zum Kirchentor gelangt.

20 Die Kaltfront ist eine Faust

Eine Kaltfront kommt zustande, wenn kalte Luft die warme Luft einholt. Sie wird auf Wetterkarten durch eine blaue Linie mit Dreiecken in Zugrichtung dargestellt. Hier ist es wichtig, zwischen der sogenannten Anakaltfront und der Katakaltfront zu unterscheiden. »Ana« bedeutet auf Altgriechisch »hinauf«, »kata« hingegen »hinunter«. Dementsprechend wird bei einer Anakaltfront die warme Luft von der kalten hinaufgedrückt, bei der Katakaltfront kommt es zu kalten Höhenströmungen, die die warme Luft am ruhigen Aufsteigen hindern und sie gleichsam hinunterdrücken. Im Fall einer Anakaltfront ist der Geschwindigkeitsunterschied der warmen und kalten Luftmassen nicht übermäßig hoch. Die warme Luft hat also genügend Zeit, an der kalten aufzusteigen. Und auch wenn ihr Aufstieg meist steiler ist als bei einer Warmfront, und sich deshalb vor der Front auch Gewitterwolken bilden können, ist das Wolkenbild nach der Anakaltfront dem vor der Warmfront ziemlich ähnlich. Bei einer Katakaltfront gibt es schon um einiges mehr Action! Hier gibt die schnelle kalte Luft der warmen keine andere Möglichkeit, als senkrecht in die Höhe zu schießen, was meistens heftige Gewitter zur Folge hat. Die Kaltfront habe ich mir früher wie eine Faust aus kalter Luft vorgestellt, die sich der armen warmen Luft in den Bauch bohrt und sie vor sich herschiebt.

21 Der Klimawandel führt die Wildschweine in unsere Vorgärten

Wegen häufig ausbleibender Kälteeinbrüche im Februar und März bringen die Bachen, also Wildschweinweibchen mehr ihrer bis zu fünf Frischlinge pro Jahr durch. Die Population der Tiere stieg damit in den vergangenen Jahren rasant an, zum Ärger der Landwirte, die Schäden an Nutzflächen zu beklagen hatten. Der Wandertrieb wird die Wildschweine bald auch in die Vorgärten der nahe an Wäldern gelegenen Häuser und auf die Straßen führen, wo sie Unfälle verursachen können. Die Jäger sind bemüht, den Bestand zu regulieren.

22 Die Kaltfront ist immer schneller als die Warmfront

In einer Warmfront verliert die warme Luft viel Energie, weil sie langsam an der kalten Luft aufsteigen muss. Dieses Problem hat die gewalttätige Kaltfront nicht. Deswegen sinkt der Abstand zwischen diesen beiden stetig, bis sie schließlich zusammentreffen, was zu einem ziemlichen Durcheinander führen kann. Das nennt man die Okklusion, was auf Lateinisch so viel wie »Einschließen von allen Seiten« bedeutet. Auf Wetterkarten wird sie durch eine Linie mit Halbkreisen und Dreiecken dargestellt.

Man unterscheidet zwischen der Warmokklusion und der Kaltokklusion. Erstere kommt zustande, wenn die kalten Luftmassen der Kaltfront wärmer sind als die der eingeholten Warmfront. Das hat zur Folge, dass man weiterhin das Bild einer Warmfront mit Dauerregen hat, bei der es aber zwischendurch ein mächtiges Gewitter geben kann, und das alles nur, damit danach wieder so etwas wie eine regenreiche Warmfront entsteht. Von einer Kaltokklusion spricht man dann, wenn die kalte Luft der Kaltfront kälter ist als die kalte Luft der eingeholten Warmfront. Dann hat die warme Luft in der Mitte tatsächlich ein ernstes Problem, sie ist ungeschickter Weise im wahrsten Sinn des Wortes zwischen die Fronten geraten, und es gibt für die Arme kein anderes Entkommen mehr als in den weiten Himmel hinauf.

23 Fischer fahren immer mit Rückenwind

Am Tag wärmt sich das Land schneller auf als das Meer. Mit dem Land erwärmt sich auch die Luft und steigt auf. Der entstandene Unterdruck wird ausgeglichen, indem Luft vom Meer aufs Land strömt. Diesen Wind nennen wir Seewind, er beginnt etwa zwei bis drei Stunden nach Sonnenaufgang und erreicht seine maximale Stärke von über dreißig Kilometern pro Stunde zwischen zwei und vier Uhr Nachmittags. Gegen Abend schwindet dann der Einfluss des Seewinds. Da sich das Land nicht nur schneller aufwärmt als das Meer, sondern auch schneller abkühlt, kommt es etwa ab Mitternacht zum umgekehrten Phänomen: Nun steigt die Luft über dem Wasser auf und der Unterdruck wird vom Landwind ausgeglichen.

Diese beiden Winde kennt man vielleicht aus alten Filmen oder Geschichten über einfache Fischer, die ihr Boot nur mit einem schlichten Tuch als Segel antreiben. Vor Sonnenaufgang noch stechen sie mit dem Landwind im Rücken in See, am Abend kehren sie mit dem Seewind in den Hafen zurück.

24 Alte Regenwälder produzieren nur so viel Sauerstoff, wie sie selbst verbrauchen

Der größte Teil der Regenwälder setzt keinen Sauerstoff frei, weshalb es nur zum Teil stimmt, wenn sie pauschal als grüne Lunge der Erde bezeichnet werden. Tatsächlich geben nur junge, wachsende Regenwälder Sauerstoff an die Atmosphäre ab. Alte hingegen produzieren genauso viel, wie sie durch die Atmungs- und Zersetzungsprozesse ihrer tierischen Bevölkerung wieder verbrauchen. Folglich nehmen sie auch nicht mehr Kohlendioxid auf, als sie selbst frei setzen. Für die Erde sind dennoch auch die alten Regenwälder wichtig. Sie beheimaten nicht nur viele verschiedene seltene und teilweise noch unbekannte Tier- und Pflanzenarten, sondern produzieren auch weite Dunstwolken, die unseren Planeten wie ein Schild vor weiterer Erwärmung schützen.

25 Der heißeste Sommertag kommt um zwei Tage früher als bisher

In den letzten fünf Jahrzehnten ist der Sommer verrutscht. Auch der heißeste Tag im Jahr hat sich nach vorne verschoben. Fiel er früher etwa auf Anfang August, schwitzen wir heute eher schon Ende Juli am meisten. Durchschnittlich kommt er zwei Tage früher als noch vor 50 Jahren. Studien zeigen, dass sich die Jahreszeiten insgesamt verschieben und die globale Erwärmung in verschiedenen Monaten unterschiedlich stark ausfällt. Die Winter sind in den letzten fünfzig Jahren durchschnittlich um 1,7 Grad wärmer geworden, die Sommer hingegen nur um einen Grad. Und das könnte ein Grund dafür sein, warum der Frühling jetzt zeitiger beginnt und auch der heißeste Sommertag schon früher stattfindet. Natürlich verschieben sich nachfolgend auch die anderen Jahreszeiten. Schnee fiel in den letzten Jahren fast immer erst im Jänner, weshalb der erste Teil des Winters oft eher mild ausfällt. Ausnahmen bestätigen freilich die Regel. So gibt es Bilder von Kühen oder Schafen, die bis zu den Knien im Schnee stehen, weil es manchmal doch bereits im September schneit und die Bauern den Wetterbericht nicht gehört oder ihm keinen Glauben geschenkt haben.

26 Der Smog wird dünner

Das wachsende Umweltbewusstsein, die Meinungsbildung durch Umweltinitiativen und die auf politischer Ebene gestarteten Umweltschutzmaßnahmen tragen bisweilen Früchte. So etwa bei der Bekämpfung von Smog.

Bei Smog handelt es sich um eine Kombination aus schädlichen Gasen wie Schwefeldioxid, Ozon, Kohlenmonoxid und Stickoxiden, Feinstaub und Nebel. Nebel ist deswegen in Verbindung mit verschiedenen Schadstoffen in der Luft gefährlich, weil sich feine Tröpfchen verschiedener Säuren bilden, die erheblichen Schaden an Pflanzen, Bauwerken und natürlich an der menschlichen Gesundheit anrichten. Schwefeldioxid lässt Schwefelsäure oder schweflige Säure entstehen und Stickoxide bescheren uns Salpetersäure.

Meistens tritt Smog über Großstädten auf, und zwar insbesondere bei Windstille und Inversion, also wenn die Luft in höheren Schichten wärmer ist als in unteren, es deshalb nicht zu einem Aufstieg der unteren Schichten kommen kann und die Luft gleichsam gegen den Boden gedrückt wird. In ländlichen Gegenden, wo noch viel mit Kohle oder Holz geheizt wird, kann man bei Windstille gelbe bis braune Dampfschwaden beobachten, die sich in den Tälern ausbreiten. London ist wohl am bekanntesten für dieses ungesunde Phänomen. An den Folgen der Katastrophe »The Great Smog« im Jahr 1952 sollen den gröbsten Schätzungen zufolge 12.000 Menschen gestorben sein. Es ist also wenig verwunderlich, dass auch die Bezeichnung Smog aus dem Englischen stammt. Es ist eine Kombination der Wörter »smoke«, also »Rauch«, und »fog«, also »Nebel«. Heute tritt Smog in Europa weniger häufig auf. Benzin ist mittlerweile nämlich so gut wie schwefelfrei und die Schornsteine der Kohlekraftwerke sind mit Filtern ausgerüstet.

27 Der Föhn schafft Klima- und Vegetationsoasen

Unsere Föhntäler haben ein deutlich anderes Klima als ihre Umgebung. In diesen meist nördlich des Alpenhauptkammes gelegenen Gebieten scheint länger die Sonne, und der Schnee schmilzt schneller, wodurch sich die Vegetationsperiode verlängert. In den Föhnmonaten ist es in diesen Klimaoasen um durchschnittlich drei Grad wärmer als ringsum. Deswegen können dort auch in hohen Lagen selbst Mais oder Weinreben gedeihen.

Typische Föhntäler sind das Kleinwalsertal und das Brandnertal in Vorarlberg, sowie das Wipptal und das Zillertal in Tirol. Der seltenere Nordföhn an den südlichen Hängen der Alpen ist aber nicht immer so angenehm warm und brav wie sein großer Bruder aus dem Süden: Er kann Stürme mit Spitzengeschwindigkeiten von bis zu 150 Kilometern pro Stunde mit sich bringen und für einige Verwüstung sorgen.

28 Das Waldviertel ist das Sibirien Österreichs

Die kältesten Punkte Österreichs sind Zwettl im niederösterreichischen Waldviertel und der Hohe Sonnblick im Bundesland Salzburg. Der moralische Sieger im Kampf um den Kältepol Österreichs ist allerdings die Stadtgemeinde Zwettl: Schließlich schaffte sie ihre bisher niedrigste Temperatur von minus 36,6 Grad, gemessen am 11. Jänner 1919, auf bloß 520 Metern Seehöhe. Der Hohe Sonnblick hingegen, der es am 1. Jänner 1905 auf minus 37,2 Grad brachte, befindet sich auf 3106 Metern über dem Meeresspiegel.

Das Waldviertel, dessen winziger Ort Rottal der nördlichste Punkt des Landes ist, ist damit das Sibirien Österreichs. Durch das generell kühle bis kalte und eher trockene Klima mit viel Wind, häufigen Nebeln vom Frühherbst bis in den Mai und zahlreichen Früh- und Spätfrosten herrschen dort gefühlt neun Monate Winter und drei Monate Sommer. Das trübe Wetter hat in dieser Region, die landschaftlich zu den schönsten Österreichs zählt, zur Bildung von Mythen und Legenden um magische Punkte und geheimnisvolle Orte beigetragen.

29 Die Sonne schrumpft und wächst zugleich

Unsere Sonne entstand vor etwa 4,57 Milliarden Jahren, indem sich eine Wolke des einfachsten und kleinsten Elements, nämlich Wasserstoff, durch Gravitation zusammenballte.

Innerhalb von 500 Millionen Jahren war es im Zentrum der Wolke so dicht geworden, das heißt Druck und Temperatur waren so weit angestiegen, dass die Wasserstoffatome aufeinanderprallten und durch Kernfusion zu Heliumatomen verschmolzen. Dieses System funktioniert bis heute. Die Wasserstoffatome fusionieren zum schwereren Helium, wodurch Dichte und Temperatur im Sonnenkern immer weiter ansteigen und die seltener gewordenen Wasserstoffatome dennoch zueinanderfinden, um fusionieren zu können.

Gemäß der Relativitätstheorie, mit der Albert Einstein das Verhältnis von Masse und Energie beleuchtet hat, sind die neu entstandenen Heliumatome ein klein wenig leichter als die Massensumme der beiden Wasserstoffatome, aus denen sie entstanden sind. Die Differenz an Masse wird in Form von Licht und Wärme freigegeben. Es wird also direkt Masse in eine Form von Energie umgewandelt. Man spricht vom sogenannten Massendefekt. Nach einem ähnlichen Prinzip, der Umwandlung von Masse in Bewegung, funktioniert nebenbei gesagt auch die Kernspaltung.

Außerdem darf man nicht vergessen, dass die Sonne einen kleinen Teil ihrer Masse auch durch den Sonnenwind verliert, nämlich etwa eine Million Tonnen pro Sekunde. Dieser Sonnenwind kommt vor allem dadurch zustande, dass durch Löcher im Magnetfeld der Sonne, also dort, wo die Magnetfeldlinien weit ins All hinausreichen, verschiedene Teilchen entweichen. Es handelt sich dabei hauptsächlich um Plasma, also um freie Protonen und Elektronen, und zu einem sehr geringen Teil um ganze Atome. So möchte man meinen, dass die Sonne aufgrund des stetigen Masseverlusts langsam schrumpfen müsste. Das ist aber nur sehr bedingt der Fall. Denn dadurch, dass die Dichte im Sonnenkern durch den wachsenden Anteil an Helium steigt, kann sich die Wasserstofffusion langsam vom innersten Kern nach außen verlagern. Deshalb wird die Sonne mit der Zeit größer und wärmer. Aus diesem Grund ist es naheliegend, dass die Sonne nicht ewig ihre jetzige Form beibehalten können wird. Aber noch bevor sie sich in etwa 4,5 Milliarden Jahren aus verschiedenen Gründen in einen Roten Riesen verwandelt, um danach zu einem Weißen Zwerg zusammenzuschrumpfen, wird sie durch ihre wachsende Energieabgabe bereits in weniger als einer Milliarde Jahren menschliches Leben auf der Erde so gut wie unmöglich machen.

30 In Österreich hatte es noch nie 40 Grad

Die bisher höchste Temperatur Österreichs, 39,7 Grad, wurde im Zuge einer zweiwöchigen Hitzewelle am 27. Juli 1983 in Dellach im Kärntner Drautal gemessen. Zur Enttäuschung der Klimastatistiker wurde die magische Grenze von 40 Grad also nicht überschritten. Doch selbst der Höchstwert von 39,7 Grad ist strittig. Denn am selben Tag brannte in Dellach eine Scheune, und das könnte den Wert beeinflusst haben. Zusammen mit dem Kälterekord vom Sonnblick von minus 37,4 Grad beträgt der gesamte Variationsbereich der Lufttemperatur in Österreich somit knapp 80 Grad.

Platz zwei der Hitzerekorde belegt Andau im Burgenland mit 39,5 Grad vom Juli 2007, Platz drei geht an Waidhofen an der Ybbs mit 39,3 Grad vom Juli 1950. In Deutschland wurden im August 2003 immerhin 40,3 Grad gemessen und in der Schweiz im selben Zeitraum 41 Grad. Somit sind uns unsere Nachbarn in den Hitzewerten voraus. Der Sommer 2003 war auch bei uns der bisher heißeste, der Herbst 2006 wird als der wärmste seit 1300 Jahren bezeichnet, und den mildesten Winter seit dem Jahr 1900 hatten wir von 2006 bis 2007. Der meiste Niederschlag im Jahresschnitt fällt mit 2277 Millimetern im Vorarlberger Schröcken, der geringste hingegen mit nur 435 Millimetern im niederösterreichischen Retz.

Die höchste Windgeschwindigkeit wurde im Salzburger Gaisberg in der Nacht vom 18. auf den 19. Jänner 2007 gemessen: 217 Kilometer pro Stunde. Den Sturmrekord im Flachland stellte das oberösterreichische Hörsching am 27. Februar 1990 auf: 147 Kilometer pro Stunde.

Die dickste Schneedecke wurde am neunten Mai 1944 auf dem Hohen Sonnblick in Salzburg gemessen, sie kam auf ganze 11,9 Meter. Die dickste Schneedecke im Flachland erlebte der Ort Kornat in Kärnten am 30. Jänner 1917, es waren 3,6 Meter.Die größte Tagesneuschneemenge Österreichs fiel am 31. Jänner 1986 im Osttiroler Sillian aus den Wolken und kam auf 1,7 Meter. Die trockenste Periode der letzten Jahrzehnte gab es hingegen zwischen Februar und Juli 1968.

31 Saharastaub düngt das Amazonas-Gebiet

Das Bodélé-Becken im Tschad, ein ehemaliger, nun ausgetrockneter gewaltiger See, ist das staubigste Gebiet der Welt. Zusätzlich verursachen östlich davon das Tibesti- und das Ennedi-Gebirge den sogenannten Düseneffekt. Der Wind wird zwischen die beiden Erhöhungen gedrückt und dadurch intensiviert. Dasselbe Phänomen tritt auch oft in Städten auf, wenn Hochhäuser ungeschickt platziert werden. So kann bei Ostwind besonders viel Staub in die Luft gehoben werden. In den letzten 1000 Jahren wurden so rund vier Meter an Ablagerungen fortgeweht.

Bei entsprechenden Bedingungen wird dieser Staub über den Atlantik bis nach Südamerika ins Amazonas-Gebiet transportiert. Da er zum größten Teil aus leeren Algengehäusen besteht, die sich im Lauf der Zeit am Grund angesammelt hatten, enthält er hohe Mengen an Phosphor und Eisen. Auf diese Weise gleicht die Sahara aus, was die großen Flüsse aus der Erde des Amazonas-Gebiets ausgewaschen haben – und düngt den Urwald.

32 Segelschiffe fahren gegen den Wind

Wer hat nicht schon oft gehört, dass man bei selbstgebauten Segelschiffmodellen die Fahne auf dem Hauptmast gegen die Fahrtrichtung wehen lassen soll, weil Segelschiffe angeblich mit Rückenwind fahren würden. Das stimmt nicht. Die ideale Windrichtung für einen Dreimaster ist der Seitenwind, eine moderne Yacht kann bei mittleren Windstärken sogar bei einem Gegenwind im Winkel von 40 Grad fahren. Dabei spreche ich vom realen Wind, bei dem der Fahrtwind noch nicht hinzuaddiert wurde. Die Segel funktionieren dann wie Flugzeugflügel, wobei an der dem Wind abgewandten Seite ein Unterdruck entsteht, der das Schiff gleichsam zieht. Dieselbe Rolle erfüllt auch der Kiel, weshalb das Segelschiff immer leicht schräg fährt.

Von wirklichem Rückenwind wurden die völlig anders konzipierten Ruderboote der Griechen, Römer oder auch Wikinger zusätzlich angetrieben. Heutige Yachten können zwar auch den Rückenwind nutzen, indem das vordere Segel und das Hauptsegel jeweils auf die andere Seite ausgerichtet werden, und so der sogenannte Schmetterling gebildet wird. Das Schiff ist dann aber instabil, weil der Kiel nicht mehr seine Arbeit als Unterwasserflügel erledigen kann. Bei einem Dreimaster fällt die Möglichkeit der Nutzung von Rückenwind dagegen ganz weg, weil sich die Segel gegenseitig im Weg wären.

Auf einem Segelschiffmodell sollte die Fahne also entweder zur Seite oder schräg nach hinten wehen.

33 Saharastaub verpestet die Meere

Fällt der Saharastaub ins Meer, entfaltet der darin enthaltene Phosphor seine Wirkung als Dünger. Oft wird gesagt, das wäre gut, weil es das Gedeihen von Mikroorganismen wie der Blaualge unterstützt, und folglich die Sauerstoffproduktion des Meeres erhöht. Dieser Vorteil wird aber durch viele

Nachteile überschattet. So kann es zu einer Übervermehrung der Cyanobakterien kommen, auch Blaualgen genannt. So eine Algenblüte tritt sonst besonders an Mündungen von Flüssen auf, die viel Düngemittel aus der Landwirtschaft sowie ungeklärte Fäkalien ins Meer transportieren. Die Ostsee ist von diesem Problem derzeit besonders stark betroffen. Die Algenblüte ist meistens grün, kann aber je nach Blaualgenart auch blau oder rot sein. Einerseits sondern fast alle Blaualgenarten verschiedene Gifte ab, mitunter sind die, die natürlich vorkommen, die stärksten. Diese gelangen natürlich in die Nahrungskette und somit auch auf den Speiseteller. Andererseits führt ein Absterben der Algenblüte zu einem fatalen Sauerstoffabstieg im Wasser, weil sich nun andere Mikroorganismen auf die abgestorbenen Algen stürzen müssen, um sie zu zersetzen. So kommt es zu Todeszonen im Meer, in denen es keinen Fisch mehr gibt. Wie bei Bäumen gilt also auch bei den Algen, dass sie langfristig nicht mehr Sauerstoff produzieren, als bei ihrer Zersetzung verbraucht wird.

Ein weiteres Problem liegt darin, dass der Saharastaub neben natürlichen Düngemitteln wahrscheinlich auch für einige Organismen gefährliche Erreger transportiert. Der Zusammenhang ist zwar noch nicht restlos geklärt, es scheint aber festzustehen, dass Massensterben von Korallen und Seeigeln in der Karibik oft in dieselben Jahre fallen, in denen besonders viel Staub über den Atlantik transportiert wird.

34 In Österreich drohen Heuschreckenplagen

Heuschreckenplagen kennen wir vor allem in Afrika, Australien oder Asien, doch auch Österreich hatte bereits mehrmals darunter zu leiden. In den Jahren von 1338 bis 1340, sowie 1749 und 1850 zogen Schwärme von Heuschrecken durch unser Land, vernichteten Ernten und verursachten Hungersnöte. Sie hatten sich aufgrund der heißen Witterung übervermehrt und zogen auf Nahrungssuche aus. Dies kann theoretisch jederzeit wieder passieren. Da sich Österreichs Klima zu erwärmen scheint, werden neue Heuschrecken-Übervermehrungen wahrscheinlicher.

35 Der Föhn fördert Brände

Kommt es an der Nordseite der Alpen zu einem Waldbrand, muss man hoffen, dass nicht der Föhn weht. Dieser starke, heiße und extrem trockene Wind behindert die Löscharbeiten und kann im schlimmsten Fall für eine fatale Ausbreitung des Feuers sorgen. Aber bei einer Schlagzeile wie »Föhn entzündet Kindergarten« war der Brandauslöser meistens ein elektrischer Haarföhn.

36 Nicht jedes Gewitter ist ein Unwetter

Umgangssprachlich bezeichnen wir gerne jedes stärkere Gewitter als Unwetter. Formal ist das falsch. Als Unwetter gelten nur Gewitter in Verbindung mit klar definierten Extremwetterereignissen, Wetteranomalien oder Naturkatastrophen. Die Kriterien dafür sind messbare, vom Durchschnitt abweichende Zustände etwa im Bereich der Hochwasserpegel oder der Schadenssummen und Opferzahlen. Als Basis dient eine klimatologische Normalperiode. Die ausschlaggebenden Werte für eine Unwetterwarnung liegen in Österreich bei Sturm ab 80 Kilometern pro Stunde, bei Regen ab 50 Millimetern und bei Neuschneemengen ab 20 Zentimetern innerhalb von 24 Stunden. Außerdem werden von den meteorologischen Diensten noch folgende Wetterereignisse für Unwetterwarnungen herangezogen: Hagelschlag, Nebel, extrem hohe oder niedrige Temperaturen, Schneeverwehungen, Lawinengefahr, Glatteis und Tauwetter. Leider wird auch in den Medien schnell jedes schlechte Wetter zum Unwetter gemacht, was den Eindruck verstärkt, dass sich die Unwetter häufen. Aber auch das stimmt nicht. Was aber sonst den Sprachgebrauch anbelangt: In unseren österreichischen Dialekten wird statt des Wortes »Gewitter« oft einfach »Wetter« verwendet. Gleichzeitig wurde bis ins neunzehnte Jahrhundert statt »Unwetter« auch »Ungewitter« gesagt. Man sieht, dass die Wörter sehr eng miteinander verwandt sind und ihre wissenschaftliche Verwendung deshalb schwerfällt.

37 Auch in Österreich gibt es Tornados

Sie studieren die Wetterlage mit Satellitenbildern, Radar, Temperaturmessungen, Wind-Simulatoren und Lokalaugenschein, legen Beobachtungsposten fest, und wenn sie es tatsächlich schaffen, einen Tornado vor die Linsen ihrer Kameras zu bekommen, fahren sie ihm im Auto hinterher, wobei sie brav mindestens fünf Kilometer Sicherheitsabstand halten. Solche Tornadojäger oder Stormhunter sind nicht nur in den USA unterwegs, sondern auch in Österreich.

Die »Stormhunter Austria« kommen regelmäßig auf ihre Kosten. Sie verfolgen die Stürme nicht nur wegen des Nervenkitzels und der Faszination am Naturschauspiel. Ihr Ziel ist die Erforschung der Stürme und die Warnung der Bevölkerung. Sie leiten ihre Beobachtungen an den Wetterwarndienst weiter und erfassen sie in einer internen Datenbank. Besonders gefährdet sind das Mühlviertel, das Grazer Becken und das Gebiet um Wiener Neustadt. Von den umliegenden Bergen und Hügeln strömt dort kalte Luft in die warme Beckenluft, wodurch sich leichter als überall sonst Gewitter und in weiterer Folge Wirbelstürme bilden können. Laut der Zentralanstalt für Meteorologie und Geodynamik wurden zwischen 1951 und 2010 bei uns 90 Tornados registriert.

Zum heftigsten registrierten Tornado in der Geschichte Österreichs kam es am 10. Juli 1916 in Wiener Neustadt. Er tötete 32 Menschen, verletzte 300 schwer und beschädigte zahlreiche Häuser. Dieses Zerstörungsausmaß lässt auf Windgeschwindigkeiten um die 300 Kilometer pro Stunde schließen. Die Zuggeschwindigkeit betrug 20 Kilometer pro Stunde. Auch 1903, 1930 und 1946 hinterließen Tornados in Wiener Neustadt Spuren der Verwüstung.

Weitere Tornadofälle in Österreich:

- *4. Juli 1929:* Stadt Salzburg. Drei Todesopfer.
- *9. Mai 1961:* Kleinthal bei Graz. Ein Todesopfer, drei Verletzte.

- *27. Juli 1998:* Vornholz in der Steiermark. Mehrere Gebäude werden zerstört.
- *27. Mai 2000:* Groß Harras im Weinviertel. Ein rund 20 Meter breiter Wirbel zerlegt ein landwirtschaftliches Gebäude, danach verschwindet er spurlos.
- *13. Mai 2003:* Wien. Im Bereich der Alten Donau und des Strandbads Gänsehäufl überrascht ein Tornado die Badegäste, reißt Bäume um, lässt Boote kentern und beschädigt Dächer.
- *11. März 2006:* Gurktal in Kärnten. Schäden an mehreren Fahrzeugen.
- *13. Mai 2010:* Mogersdorf im Burgenland. Schäden in einem Waldstück. Die Rehe blieben unverletzt.

38 Das Wasser ist verrückt und rettet so den Fischen das Leben

Je wärmer ein Stoff ist, desto weiter dehnt er sich aus, weil die Moleküle sich schneller bewegen und mehr Platz brauchen. Die Dichte verringert sich, bis der Stoff gasförmig wird. So passierte es früher oft, dass sich Bahngleise bei extremer Hitze verformten, weil sie sich ausdehnen wollten. Wasser hat die höchste Dichte bei plus vier Grad. Friert es, breiten sich die Moleküle wieder aus, die Dichte nimmt ab und es wird leichter. Das ist ziemlich ungewöhnlich und trifft nur auf die wenigsten Stoffe zu. Auf jeden Fall bewirkt diese Anomalie des Wassers, dass ein Teich von oben nach unten zufriert, dass Fische deshalb den Winter überleben können, und dass Eiswürfel und Eisberge schwimmen. Aus diesem

Grund zerplatzen auch verschlossene volle Wasserflaschen im Tiefkühlfach.

39 In den Prärien der USA lernen Kühe das Fliegen

Der berühmte Häuptling der Sioux, Sitting Bull, hieß nicht umsonst so. In den Prärien des mittleren Westens der Vereinigten Staaten muss man sowohl als Bison als auch als Mensch schon sehr kräftig sein, um bei den zahlreichen Tornados in aller Ruhe auf dem Boden sitzen bleiben zu können. Heute gibt es dort mehr Kühe als Bisons, und nun müssen diese immer wieder beweisen, dass sie den gefährlichen Wirbelstürmen, ob durch Weisheit oder durch Stärke, gewachsen sind. Zur Klassifizierung von Tornados gibt es die sogenannte Fujita-Skala, die 1971 vom japanischen Sturmforscher Tetsuya Theodore Fujita, der in Chicago lehrte, entwickelt worden ist. Eigentlich gibt es dreizehn Grade, von F 0 bis F 12, die Grade F 7 bis F 12 sind allerdings nur theoretisch erreichbar.

In Österreich gibt es eigentlich nur Tornados der Stufen F0 bis F 1, also mit Maximalgeschwindigkeiten des Wirbelwinds von 180 Kilometern pro Stunde. Nur ganz ausnahmsweise erreichen unsere heimischen Wirbelstürme den dritten Grad der Fujita-Skala und somit Geschwindigkeiten von über 300 Kilometern pro Stunde, wie es im Jahr 1916 in Wiener Neustadt der Fall war. Ganz anders im Mittleren Westen der USA: Dort wurde im Jahr 1999 mit einem Radar eine Tornadogeschwindigkeit von 496 Kilometern pro Stunde gemessen mit einer Fehlergrenze von 33 Kilometern pro Stunde. Das ist der gemessene Weltrekord, und die obere Fehlergrenze reicht bis in den Bereich von Grad F6 der Fujita-Skala hinein, was bis dahin noch bei keiner Messung der Fall war. Zwar überwiegen auch in dieser Gegend die vergleichsweise harmlosen Tornados, ihre große Häufigkeit und die Intensität einiger von ihnen ist dennoch beachtlich. Warum ist das so?

Ein Tornado kann grundsätzlich auf zwei verschiedene Arten entstehen. In beiden Fällen ist eine instabile Luftschichtung erforderlich, damit es zu einer Gewitterwolke kommen kann. Es muss also viel warme und feuchte Luft in Bodennähe geben, und über ihr muss sich eine deutlich kältere Luftschicht befinden. Weiters ist in beiden Fällen eine sogenannte Windscherung vonnöten, es müssen also Winde aus verschiedenen Richtungen aufeinanderprallen, um die Rotation des Tornados zu ermöglichen. Diese Windscherung kann nun entweder in Bodennähe, also auf derselben Ebene stattfinden. Dadurch bekommt die Luft unter einer Gewitterwolke einen gewissen Drall, was leichte Tornados zur Folge haben kann. Oder aber die Windscherung findet auf zwei verschiedenen Ebenen statt, wobei der warme Wind unten weht, der kalte in größerer Höhe. Das ist dann ein Rezept für einen mörderischen Tornado, der seinen Namen verdient hat. Die besten Voraussetzungen dafür gibt es eben im Mittleren Westen der USA. Vom Westen her strömen dort in hohen Schichten kalte Westwinde von den Rocky Mountains her. Vom Süden drücken sich subtropische, aber feuchte Lüfte aus dem Golf von Mexiko in die Ebene. Treffen die beiden aufeinander, und wird dabei die niedrigere Luftschicht, zum

Beispiel durch hohe Sonneneinstrahlung auf der Ebene, zum Aufsteigen gezwungen, geht es los. In der warmen feuchten Luft wird beim Aufstieg noch zusätzlich Energie frei, weil sie sich ihres Feuchtigkeitsgehalts entledigt.

Einige Beispiele für Supertornados in den USA:

- *18. März 1925:* Ein Tornado mit der Stärke F 5 wandert mit der erstaunlichen Geschwindigkeit von etwa 95 Kilometern pro Stunde durch drei Bundesstaaten und fordert 695 Todesopfer.
- *3./4. April 1974:* Der größte bekannte Outbreak, zu Deutsch Ausbruch, von mehreren Tornados gleichzeitig. Mindestens 148 Tornados verwüsten 13 Staaten nicht nur im Mittleren Westen, sondern auch im Süden der USA. 30 davon übersteigen Windgeschwindigkeiten von 333 Kilometern pro Stunde, erreichen also den Grad F 4. 315 Todesopfer.
- *3. Mai 1999:* Ein Outbreak von mindestens 70 Tornados im Mittleren Westen. Einer davon erreicht den gemessenen Weltrekord von etwa 500 Kilometern pro Stunde. Über eine Milliarde Dollar Sachschaden und nicht zuletzt 48 Todesopfer sind die Folge.

40 Das größte dokumentierte Hagelkorn wog über ein Kilogramm

Bangladesch ist der Hagelweltmeister, auch wenn das die Bevölkerung wohl kaum freuen wird. Bei einem Hagelsturm im Jahr 1986 kamen 92 Menschen ums Leben. Bei dieser Gelegenheit wurde ein Hagelkorn mit 1,02 Kilogramm gewogen. In Kasachstan wurde im Jahr 1958 ein Korn mit 1,9 Kilogramm Masse gefunden. Dieses Messergebnis ist allerdings nicht offiziell. Bei einer wahren Hagelkatastrophe in Indien im Jahr 1888 kamen 246 Menschen ums Leben.

Im Juli 2010 wurde in South Dakota das nach Behördenangaben bisher schwerste Hagelkorn der USA gefunden. Es wog 875 Gramm und hatte einen Durchmesser von über 20 Zentimetern.

Österreichs Wolken produzieren zum Glück nicht ganz so große Geschosse. Die größten wogen ungefähr ein halbes Kilo, wobei noch etwas schwerere aus dem neunzehnten Jahrhundert bekannt sind. Aber auch solche Riesenkörner können Geschwindigkeiten von 150 Kilometern pro Stunde erreichen, während normaler, kleiner Hagel nur auf etwa 35 Kilometer pro Stunde kommt. Für unsere Verhältnisse große Hagelkörner mit zwei Zentimetern Durchmesser erreichen etwa 70 Kilometer pro Stunde. Das kann schon erheblichen Schaden an Feldern, Fensterscheiben, Dächern und Autos zur Folge haben.

Eines der schwersten Hagelgewitter der jüngeren Zeit in Österreich ereignete sich am 22. Mai 1990 in der Gegend von Langenlois im niederösterreichischen Waldviertel. Vierzig Minuten lang bedeckten die Wolken Teile der Weinbauregion mit einer bis zu einem halben Meter dicken Schicht aus Hagelkörnern, die 400 Hektar Weingarten vernichtete.

41 Würde die Sonne erlöschen, könnten wir sie noch acht Minuten lang sehen

Die Sonne ist von der Erde durchschnittlich 150 Millionen Kilometer entfernt, das entspricht 8,3 Lichtminuten. Würde jemand mit einem zauberhaften Schalter also das Sonnenlicht ausknipsen, könnten wir es noch mehr als acht Minuten lang am Himmel sehen, ehe die Erde in Dunkelheit versinken würde.

42 Hagel fällt am liebsten auf Weingärten

Dass die Region Wachau-Krems-Langenlois und das oststeirische Hügelland am meisten unter Hagelgewittern leiden, liegt an der Geländeformation: Hier trifft eine starke Aufheizung einzelner Geländestriche auf feuchte Luftströme. Das sind ideale Verhältnisse für den Wein- und Obstbau, aber auch für Gewitter- und Hagelbildung.

43 Auch Wolken kann man impfen

Salze sind hygroskopisch, das heißt wörtlich, sie ziehen Feuchtigkeit an. Deswegen wird das Salz im Salzstreuer bei hoher Luftfeuchtigkeit gerne hart. Um Wolken zum Abregnen zu bewegen, sie aufzulösen oder auch um großen Hagel zu vermeiden, wurde schon in den fünfziger Jahren in den USA mit der Impfung von Wolken mit verschiedenen Salzen experimentiert. Über Vietnam versuchte die US-Armee sogar, starken Regen zu verursachen, um den Nachschub der Vietkong zu verlangsamen, aber wie sich im Nachhinein zeigte: ohne Erfolg.

Die Funktionsweise einer Wolkenimpfung ist eigentlich einfach. In eine Wolke wird entweder vom Boden aus, oder, was oft einfacher ist, aus dem Flugzeug Salz gestreut. Die feinen Salzkristalle ziehen das Wasser an, es bilden sich Regentropfen und fallen zu Boden. Auch dichter Nebel kann so teilweise aufgelöst werden. Und nicht zuletzt gibt es in vielen Ländern, auch in Österreich, Firmen, die ihren Kunden versprechen, so Hagelunwetter frühzeitig abschwächen zu können. Verwendet wird meistens das Salz Silberjodid, weil es langjährigen Experimenten zufolge sehr umweltverträglich ist.

Der Erfolg solcher Impfungen ist nicht hundertprozentig nachweisbar, weil nicht nur der April macht, was er will, sondern auch das Verhalten einer Gewitterwolke nicht wirklich berechenbar ist. Eine österreichische Studie, die im Zeitraum der Jahre 1981 bis 2000 Hagelgewitteraktivitäten in Niederösterreich gemessen hat, spricht jedenfalls von einem massiven Rückgang der Hagelschäden durch die Einsetzung von Impfungen. Bei den olympischen Spielen in Peking setzte der chinesische Wetterveränderungsdienst Raketen mit Silberjodid ein, um über der Hauptstadt einen wolkenfreien Himmel zu garantieren. Mindestens eine dieser Raketen durchbohrte dabei das Dach eines Wohnhauses.

44 Das Sonnenlicht kommt aus der jüngeren Steinzeit

Die Kernfusion von Wasserstoffatomen zu Helium findet im dichten Kern der Sonne statt. Er macht 25 Prozent des Radius und etwa 1,56 Prozent des Volumens unseres Sterns aus, besitzt aber etwa die Hälfte seiner Masse und schafft 99 Prozent der gesamten Fusionsleistung.

Aus dieser Fusionszone muss die Energie vor allem in Form von Photonen erst die sogenannte Strahlungszone durchdringen. Obwohl sich die Photonen, also Lichtteilchen, naturgemäß mit Lichtgeschwindigkeit bewegen, werden sie auf ihrem Weg immer wieder von den herumschwirrenden Teilchen abgelenkt und brauchen so vermutlich um die 10.000 Jahre, bis sie die Sonne verlassen und den Weg zur Erde aufnehmen können. Das Sonnenlicht, in dem wir uns heute bräunen, wurde also bereits etwa in der jüngeren Steinzeit produziert.

Der jeweils unterschiedlich lange Weg der Photonen durch die äußeren Sonnenschichten ist auch für das breite Spektrum des Sonnenlichts verantwortlich, weil die Photonen mit der Zeit ihre Energie an die Atome der Strahlungszone abgeben müssen.

45 Manchmal donnert es ohne Gewitter

Es ist bewölkt, der Himmel verfinstert, starker Regen fällt. Es donnert einmal, ein weiteres Mal, wieder und wieder, und das in erstaunlich regelmäßigen Abständen. Aber Blitze sind keine zu sehen. Wir befinden uns weit außer Hörweite eines Truppenübungsplatzes. Von Kriegsgefahr war in den Nachrichten auch nicht die Rede. Was könnte das sein?

Vermutlich ein Bauer mit seiner sogenannten Hagelkanone, der hofft, seine Ernte zu retten. Zum Gebrauch von solchen eigenartigen, gegen den Himmel gerichteten Geschützen, die aussehen wie eine selbstgebaute Dampflokomotive mit einem viel zu großen Schornstein, kam es schon um das Jahr 1900. Damals wurde noch Schwarzpulver zur Explosion gebracht, um durch das schornsteinähnliche Kanonenrohr eine Druckwelle in eine Gewitterwolke zu lenken, dort die Luftströme durcheinander zu bringen und somit die Hagelbildung zu unterbinden. Heute macht man das eher mit Flüssiggas. Der Lärm ist aber immer noch ohrenbetäubend und die Wirkung nach wie vor unsicher. Deshalb kommen diese Hagelkanonen zunehmend außer Gebrauch. In manchen Weingärten werden stattdessen lieber feine, aber feste Schutznetze über die Reben gespannt.

46 Klemmende Laden kündigen Regen an

Schon unsere Großeltern wussten, dass oftmals Regen kommt, wenn die Laden klemmen. Die Ursache dafür ist nicht besonders geheimnisvoll. Schubladen bestehen oft aus Holz, das Feuchtigkeit aus der Luft aufnimmt und sich dabei ausdehnt. Logischerweise wird das Öffnen der Lade dann etwas schwieriger, und ohne ein bisschen Rütteln geht es manchmal gar nicht mehr. Wer seine Wohnung allerdings mit Fertigmöbeln ausgestattet hat, sollte dieser Bauernregel lieber nicht vertrauen. Wenn Laden aus Pressspanplatten klemmen, war meistens der Besitzer beim Zusammenbau etwas schlampig. Eine ähnliche Regel besagt, dass auch Kaminholz bei drohendem Regen schlechter brennt. Das hat genau denselben Grund. Es hat aus der Luft Feuchtigkeit aufgenommen.

47 Grillen sind lebende Thermometer

Der Zirp-Rhythmus der Grillen verändert sich bei Temperaturschwankungen mit mathematischer Präzision. Sie erzeugen ihre Laute, indem sie die Hinterbeine aneinander reiben. Die Frequenz verändert sich je nach Wetterlage, da die Grille ihre Körperwärme an die Umgebungstemperatur anpasst. Je wärmer es ist, desto schneller zirpt eine Grille, und umgekehrt. Es wurden dafür sogar mehrere Formeln aufgestellt, die das sogenannte Dolbear'sche Gesetz bilden. Am besten eignet sich die Grille Namens Oecanthus fultoni als lebendes Thermometer, weshalb sie auf englisch auch »Thermometer Cricket« genannt wird. Für die Prognose von Temperaturen ist die Grille allerdings nicht geeignet.

48 Die meisten Hagelkörner wachsen wie Bäume, manche wie Korallen

Ein Hagelkorn entsteht meist um einen Eiskristall in einer Gewitterwolke. Es wird vom Aufwind in die Höhe geschleudert, fällt wieder und rotiert so durch die Wolke, während nach und nach Wasser darauf haften bleibt und friert. So kommt es, dass Hagelkörner gleichsam Jahresringe aufweisen. Besonders große Hagelkörner müssen aber sehr schnell entstehen, weil selbst starke Aufwinde sie nicht lange halten könnten und auch das stärkste Gewitter nicht ewig dauert. Möglich wird ihre Bildung dadurch, dass viele kleinere Hagelkörner zu einem sehr ungleichmäßigen Gebilde mit vielen Zacken und Auswüchsen verschmelzen.

49 Blitze entstehen durch Reibung

Reibt man eine Katze an einer Teflonpfanne, gehen die Elektronen der Moleküle im Katzenfell auf die Moleküle des Teflons über. Das heißt, dass das Katzenfell sich positiv auflädt, das Teflon aber negativ. Das nennt man elektrostatische Aufladung. Zur Erinnerung: Ein Atomkern besteht aus Neutronen und Protonen, rundherum schwirren wie kleine Planeten die Elektronen. Elektronen sind negativ geladen, die Protonen positiv. Man sollte die Pfanne natürlich nicht erhitzen, während man die Katze an ihr reibt.

Sehr ähnlich entstehen, vereinfacht gesagt, in einer Gewitterwolke die Blitze. Die starken Aufwinde tragen kleine Eiskristalle in das ambossförmige Obergeschoß der Wolke, schwere Wassertropfen fallen wiederum in den unteren Teil. Dabei kommt es zur Reibung zwischen diesen Teilchen. Die kleinen Eisteilchen geben Elektronen an die Wassertropfen ab. Dadurch kommt es innerhalb der Wolke zu einer beträchtlichen Spannung. Im oberen Teil halten sich mehrheitlich positiv geladene Teilchen auf, also Kationen, im unteren Teil negativ geladene, also Anionen. Ist die negative Ladung des unteren Teils stark genug, beeinflusst sie wie ein Magnet die Ladung der Erdoberfläche, indem sie die positiven Teilchen gleichsam zu sich lockt. Das nennt man Influenz. Die Erde ist dann also positiv, der untere Teil der Wolke negativ und der obere wiederum positiv geladen.

Wird diese Spannung einmal zu stark, denken sich Wolke und Erde, dass sie sie ausgleichen sollten. Es ist wie bei einem Ehestreit: In den meisten Fällen bilden sich zunächst sogenannte Vorentladungen in der Wolke, die die Luft zwischen Wolke und Erde ionisieren, das heißt leitend machen. Das funktioniert in etwa so, dass von der Wolke aus überschüssige Elektronen in Richtung Erde geschossen werden. Kurz bevor diese Vorentladungen die Erde erreichen, kommt sie ihnen streitbereit mit positiv geladenen Teilchen entgegen. Die Verbindung ist geschaffen, der Streit kann beginnen, beide Seiten sind zur Hauptentladung, also zum Blitz bereit. Dabei werden positive Teilchen in die Wolke transportiert, negative zum Boden. Der Ausgleich ist geschafft. Nun muss sich die Wolke erneut aufladen, damit es zu einer neuerlichen Ehestreitigkeit kommen kann.

Der Vorblitz dauert um die 0,01 Sekunden, der Hauptblitz nur mehr 0,004 Sekunden, wobei es nach einer kurzen Pause von etwa 0,04 Sekunden zu weiteren Hauptentladungen kommen kann, und zwar zu bis zu 40 Stück. Deswegen scheint es, als würde der Blitz flackern.

Wir haben nun von dem klassischen Wolke-Erde-Blitz gesprochen, der im unteren, negativ geladenen Teil der Wolke entsteht. Solche Blitze können bei uns bis zu zwei Kilometer lang werden, in tropischen Regionen wegen der hohen

Luftfeuchtigkeit noch länger. Sie erreichen eine Stromstärke von 200.000 Ampere. Zum Vergleich: Eine normale Steckdose ist für lediglich 10 Ampere konzipiert. Der Blitz heizt die Luft in seiner Umgebung auf etwa 30.000 Grad auf, sie dehnt sich ruckartig aus, so kommt es zum Donner.

Es gibt aber auch andere Arten von Blitzen, unter anderem den sogenannten Positivblitz. Dieser entsteht im oberen, positiv geladenen Teil der Wolke, von wo aus es zur Erde um einiges weiter ist. Deswegen muss er auch um einiges stärker sein und erreicht also Stromstärken von bis zu 300.000 Ampere. Er leuchtet entsprechend länger, macht mehr Krach und kann deutlich über 13 Kilometer lang werden. So erreicht er oft Gegenden, die mehrere Kilometer von der Gewitterzelle entfernt sind. Allerdings macht diese Art der Blitze nur fünf Prozent der Blitze zwischen Wolke und Erde aus.

Ein Zehntel aller Blitze zwischen Wolke und Erde gehen nicht von der Wolke, sondern von der Erde aus. Zumeist ist das bei hohen Gebäuden der Fall. Diese Blitze sind zur Wolke hin wie ein Baum verästelt.

Eine sehr häufige Blitzart ist der Wolkenblitz, bei dem sich die Spannung nur innerhalb der Wolke entlädt. Solche Blitze erreichen Längen von sieben Kilometern.

50 Niemand kann Sauerstoff tanken

Im Wortsinn ist das schlicht nicht möglich, weil der menschliche Organismus das Luftgemisch nicht speichern kann. Er ist vielmehr lebenslang auf eine kontinuierliche Zufuhr angewiesen.

51 Ein Regenbogen ist für das Auge unendlich weit weg

Regenbögen verweisen nicht nur auf nahenden oder wegziehenden Regen, sie sind selbst auch näher, als es den Anschein hat. Ein Regenbogen kann nämlich nur dann entstehen, wenn das Sonnenlicht in einem bestimmten Winkel von den Wassertropfen reflektiert und gebrochen wird. Bei einer Brechung durch Wassertropfen hat dieser sogenannte Regenbogenwinkel immer je nach Farbe und folglich Wellenlänge des Lichts 40 bis 42 Grad. Aus diesem Grund sieht sowohl unser linkes als auch unser rechtes Auge den Regenbogen unter demselben Winkel, was seine räumliche Wahrnehmung unmöglich macht. Das ist auch der Grund dafür, warum wir einen Regenbogen nicht erreichen können, egal wie schnell wir laufen. Denn er bewegt sich immer mit dem Beobachter mit.

Das Einzige, das die Illusion überwinden kann, dass der bunte Bogen sich irgendwo in der Unendlichkeit befindet, ist unser Gehirn: Wir wissen, dass er dort sein muss, wo gerade der Regen fällt oder der Wasserschlauch sprüht. Außerdem können wir Gegenstände fixieren, die sich hinter dem Regenbogen befinden müssen.

52 Schwalben sind die etwas besseren Frösche

Der Volksmund sagt, dass hoch fliegende Schwalben gutes Wetter vorhersagen: »Fliegen Schwalben in den Höhn, kommt ein Wetter, das wird schön.« Dabei weiß der Volksmund hoffentlich, von welchen Schwalben er spricht. Denn während Mehlschwalben und die auf den ersten Blick ähnlichen Mauersegler bei der Jagd durchaus sehr wahrnehmbar ihre Flughöhe ändern, ist dies bei den Rauchschwalben mit ihren typischen langen Schwanzspießen nicht der Fall. Diese fangen nämlich etwa 90 Prozent ihrer Beute konstant in einer Höhe von etwa sieben bis acht Metern.

Mehlschwalben dagegen fliegen ihrer Beute in unterschiedliche Lufthöhen nach und jagen oft auch fünfzig Meter über der Erdoberfläche. Bei starker Sonnenstrahlung wird die Bodentemperatur erhöht, was auch die Luft darüber stark erhitzt. Gelsen und andere Insekten in Ultraleichtbauweise werden dann von der warmen, aufsteigenden Luft mitgenommen. Darauf reagieren eben auch Mehlschwalbe und Mauersegler. Viele Insekten nutzen diesen Aufwind, um an weit entfernte Orte zu gelangen.

Das Gerücht hingegen, dass Tiefdruck die Insekten tiefer drückt, Hochdruck sie aber hochhebt, ist, wenn man es so ausdrückt, ein Unsinn. Denn das müsste umgekehrt sein, wo doch bei Hochdruck die Luftsäule über dem Insekt schwerer ist, als bei Tiefdruck. Mit dem Luftdruck und der Flughöhe der Insekten verhält es sich ein bisschen anders. Bei hohem Druck ist die Luftdichte höher, die Insekten können darauf also besser gleichsam schwimmen, so wie wir uns auch auf dem dichteren Salzwasser besser halten können als auf Süßwasser.

Aber auch diese Erklärung wäre noch eine Spur zu einfach. Versuchen wir es also genauer: Insekten atmen mithilfe von Tracheen, die die Luft direkt von den Eingängen im Panzer zu den verschiedenen Organen bringen. Also sind sie immer zu einem Teil mit Luft gefüllt. Bei einer plötzlichen Luftdruckänderung verändert sich auch entscheidend die Dichte des Insekts im Vergleich zur Dichte der umgebenden Luft. Dadurch werden seine Flugeigenschaften drastisch verändert, bis die Luft im Insekt dieselbe Dichte erreicht wie die Luft in der Umgebung.

Fällt der Luftdruck also schnell, ist die Dichte des Insekts plötzlich um einiges höher als die der Luft rundherum, es wird schwer und fällt. Da es aber nicht durchgehend zu starken Luftdruckänderungen kommt, sondern nur hin und wieder, ist es klar, warum Rauchschwalben in 90 Prozent der Fälle in derselben Höhe bleiben. Nur bei starkem Luftdruckabfall ist es ja notwendig, die Höhe zu ändern.

Das Modell der Schwalben wurde auch auf Laubfrösche übertragen. Das führte zur Behauptung, dass auch diese bei Hochdruck in die Höhe klettern, bei Tiefdruck hingegen auf dem Boden bleiben und somit das Wetter vorhersagen würden. Deswegen wurden sie als Wetterfrösche in mit Leitern ausgestattete Einmachgläser gesperrt. Das hätte eigentlich dazu führen müssen, dass bis zum Tod des armen Frosches um sein Glasdomizil so gut wie immer gutes Wetter herrschte. Denn ein Laubfrosch klettert für sein Leben gern, ob es regnet oder die Sonne scheint. Eigentlich müsste er ja auch bei tiefem Luftdruck in die Höhe klettern, weil dann tief fliegende Insekten seine Fangquoten erhöhen.

53 Kühe sterben öfter an Blitzschlag als Menschen

Das hängt nicht damit zusammen, dass sich Kühe schlechter vor dem Gewitter verstecken als wir, sondern damit, dass sie vier Beine haben. Wenn ein Blitz im Boden aufschlägt, hat er oft das Problem, dass er nicht mehr weiß, wohin er weiterwandern könnte. Er bildet also einen sogenannten Spannungstrichter, der je nach Leitfähigkeit des Bodens und der Stromstärke des Blitzes zwischen zehn und fünfzig Metern Durchmesser haben kann. Konzentrisch wird die Spannung auf der Erdoberfläche um die Einschlagstelle niedriger. Steht man nun breitbeinig über so einem Spannungstrichter, passiert es, dass der Strom durch unseren Körper fließt, und das endet tödlich. Man spricht von Schrittspannung. Deshalb soll man sich bei einem Gewitter auch mit den Füßen eng beieinander zusammenkauern. Kühe können das mit ihren vier Beinen nicht.

54 Ein guter Meteorologe lässt regelmäßig Luftballons steigen

Mehr als 3000 Stationen weltweit schicken laufend Wetterballons aus, die mit Radiosonden ausgestattet sind. In Österreich steigen die Ballons in Wien, Graz, Innsbruck und Linz. Von der Hohen Warte in Wien starten sie zweimal, von den anderen drei Städten einmal am Tag. Mit mehr als 180 Kilometern zurückgelegter Luftlinie ist im Jahr 2010 ein Wiener Ballon am weitesten gekommen. Danach, in

33 Kilometern Höhe, verschwand er vom Radar. Es wäre romantisch, wenn er bis heute dort oben schweben würde. Eine andere Wiener Sonde schaffte es, nach ihrem Flug durch die halbe Atmosphäre in der Silbergasse, also nur zwei Gassen vom Ausgangspunkt entfernt, wieder zu landen. Sie war in den tieferen Schichten vom Westwind mitgenommen und in den oberen vom Ostwind wieder zurückgebracht worden.

Für den Flug wird ein Gehäuse mit diversen Instrumenten an einem mit Helium gefülltem Ballon befestigt, der mit rund 300 Metern pro Minute in die Atmosphäre aufsteigt. Auf dem Weg nach oben misst die Sonde mit Hilfe diverser Sensoren unter anderem Temperatur, Windgeschwindigkeit, Luftfeuchtigkeit und Luftdruck und sendet die Daten zur Bodenstation. Die genaue Position der Radiosonde kann per Radar oder durch GPS-Signale bestimmt werden. Durch den nachlassenden Luftdruck dehnt sich der Durchmesser des Ballons von zwei Metern beim Start auf etwa das Zehnfache aus. Weil die in der Nacht startenden Ballons kurz vor Tagesanbruch schon sehr groß sind und oft von der Sonne beschienen werden, während die Beobachter noch im Dunkeln stehen, haben sie nicht selten UFO-Alarm ausgelöst.

Erreicht der Ballon seine Maximalhöhe, platzt er und die Radiosonde, die ihre Mission erfüllt hat, fällt zur Erde. Früher wurde jedes dieser kleinen Messgeräte fünf bis sechs Mal auf die Reise geschickt. Sie waren in mehreren Sprachen mit der Bitte um Rücksendung versehen, der Finderlohn betrug damals 60 Schilling. Heute kommen Einweg-Radiosonden zum Einsatz, mit denen der Finder nichts anderes tun kann, als sie im Elektromüll zu entsorgen.

Die Jagd nach Wettersonden hat sich zu einem seltenen Hobby entwickelt. Um dabei erfolgreich zu sein, bedarf es ausführlicher Kenntnisse in der Funktechnik, Peiltechnik und Meteorologie. Auswerten kann man die Daten der Sonde als Laie aber leider nicht. Dafür benötigt man eine spezielle Software, die über 10.000 Euro kostet.

55 Morgentau kündigt gutes Wetter an

Morgentau ist Wasser, das durch starke Abkühlung der Erdoberfläche am Boden kondensiert. Damit das möglich ist, muss erstens der Vortag recht warm und zweitens die Nacht klar gewesen sein. Denn eine Wolkenschicht würde gleichsam als Isolator dienen und die Wärmeabstrahlung der Erdoberfläche vermindern. Außerdem ist eine möglichst unbewegte Luft vonnöten. Wenn aber der Vortag warm war und der Nachthimmel unbewölkt, und wenn ferner kein Wind in der Nacht geweht hat, gibt es wenig Grund zur Sorge, dass sich die Wettersituation am nächsten Tag zum Schlechteren verändern könnte.

56 Pinguine sind die Enten der Antarktis

Wie Enten werden auch Pinguine vor dem Frost von einer dicken Fettschicht geschützt, wobei sie bei ihnen um einiges dicker ist, nämlich bis zu drei Zentimetern. Auch Pinguine verfügen über die sogenannte Bürzeldrüse, die ein öliges Sekret absondert. Mit dem Schnabel verteilen sie dieses Sekret im Gefieder, wodurch es nicht nur desinfiziert und gepflegt, sondern auch wasserundurchlässig gemacht wird. Die Füße der Pinguine bleiben warm, weil das arterielle Blut seine Wärme an das ausgekühlte Blut in den Venen abgibt. Bei vielen Arten sind die Füße an der Unterseite außerdem sehr schwach durchblutet, was auch vor Wärmeverlust schützt. Die Fußoberseite allerdings dient bei den Kaiser- und Königspinguinmännchen zum Brüten und muss deshalb besonders gut mit warmem Blut versorgt werden.

57 Früher war die Meteorologie eine Sache von heiligen Männern

Im antiken Griechenland diente der Vogelflug den Sehern zur Vorhersage der Zukunft und somit auch des Wetters. Daran könnte aber auch mehr dran sein, als auf den ersten Blick scheinen mag. Denn die Seher gaben ihr Wissen über viele Generationen weiter, sodass schließlich im Kopf eines Sehers gleichsam ein Archiv von Beobachtungsdaten der letzten Jahrhunderte bestand. Gleichzeitig beobachteten sie sehr genau und es entging ihnen so gut wie nichts. Ein sehr baldiger Abflug der Schwalben nach Süden etwa kann durchaus einen baldigen Wintereinbruch prophezeien – eine Information, die gewiss auch für eine Kriegsauseinandersetzung mit der Nachbarinsel von Bedeutung sein konnte. Bei lang andauernder Kälte können ganze Kolonien von Mauerseglern aussterben.

Allerdings konzentrierten sich viele Orakel auf die Beobachtung sehr spezieller Phänomene. Die Priester im Zeus-Heiligtum in Dodona etwa zählten die Tauben in den Ästen der heiligen Eichen. Je nach Anzahl und Verteilung kamen sie dann zu ihrem zweifelhaften Ergebnis. In Rom etablierte sich in der Kaiserzeit der ursprünglich etruskische Kult der Eingeweideschau, auch Haruspizin genannt. Dabei wurden von Priestern Blut und Eingeweide geschlachteter Opfertiere untersucht. Auch diese Sehermethode hatte eine lange Tradition und die Priester waren ebenfalls wandelnde Datenarchive.

Leider missbrauchten die Seher ihren Status oft, wenn nicht meistens, um politischen Einfluss zu üben, oder sie wurden von den Machthabern zu bestimmten Sprüchen gezwungen. Diese betrafen dann wohl doch nicht das Wetter, sondern bedeutendere Dinge, falls es tatsächlich etwas Bedeutenderes als mein Fachgebiet geben kann. Am eindrücklichsten zu sehen ist das Bemühen um politischen Einfluss am Apollo-Orakel von Delphi, das im Gegensatz zu gewöhnlichen Sehern nie irren konnte – das erhöhte seine Bedeutung immens. Um des Einflusses auf Delphi willen wurden deshalb auch zahlreiche »heilige« Kriege geführt.

58 Wetterfühligkeit ist nicht unbedingt Einbildung

Das Wetter ist das Konversationsthema Nummer eins in Österreich, und meistens wird über das Wetter geschimpft. Fast jeder Österreicher beschwert sich im Sommer über die Hitze, im Winter über die Kälte und jammert jedesmal, dass er sich bei den jeweiligen Wetterverhältnissen den Tod holt. Ist Wetterfühligkeit deswegen immer Einbildung? Stoße ich auf

Statistiken, die besagen, dass von der Wetterfühligkeit vor allem Österreicher betroffen sind, möchte ich meinen, dass das an unserer vermeintlichen chronisch negativen Einstellung liegt. Gleichzeitig gehen laut Statistiken um rund 30 Prozent mehr Frauen als Männer wegen wetterbedingter Symptome zum Arzt. Das kann natürlich vor allem daran liegen, dass sich Männer ungefähr um den entsprechenden Wert seltener untersuchen lassen. Aber dennoch gefällt es mir angesichts dieser Tatsache nicht mehr so gut, mich über die negative Einbildungskraft der Österreicher auszulassen.

Tatsächlich ist nachgewiesen, dass das Wetter manchmal durchaus sehr stark die Verhältnisse in unserem Organismus beeinflusst. So ändert sich bei einem schnellen Temperaturwechsel der Fettgehalt und die Gerinnungsfähigkeit des Blutes, Gefäße weiten beziehungsweise verengen sich, nicht zuletzt muss der Körper bei Luftdruckschwankungen den Innendruck ausgleichen, wie man es auch vom Flugzeug kennt. So können Temperaturschwankungen, lang anhaltende Hitze- oder Kälteperioden, wechselnde Luftfeuchtigkeit und Luftdruckschwankungen durchaus zu verschiedenen Beschwerden führen, zum Beispiel Migräne, Kopfschmerzen, Gliederschmerzen, Müdigkeit, Benommenheit, Schlafstörungen, Konzentrationsstörungen, Gereiztheit oder Depression. Dabei muss man jedenfalls von der sogenannten Wetter*empfindlichkeit* unterscheiden. Von dieser spricht man, wenn bei Betroffenen die Symptome chronischer Erkrankungen wie unter anderem Asthma, Bluthochdruck, chronischer Bronchitis oder Rheuma verstärkt werden. Das ist ein Phänomen, das auch leicht erklärt werden kann.

Bei der Wetter*fühligkeit* ist es nicht mehr so einfach, man spricht bei ihr aber auch nicht von einer Krankheit. Bei völlig gesunden Menschen sollte sie dennoch nicht auftreten. Meistens reagieren wir auf das Wetter empfindlicher, wenn wir ohnehin im Stress sind, wenig geschlafen haben, uns nicht gut ernähren oder auf andere, ähnliche Weise unserem Körper zu schaffen machen. Menschen, die jeden Tag im Büro sitzen, sind auch meist wetterfühliger als solche, die an der frischen Luft arbeiten.

Um den Körper also an die Wetterwechsel zu gewöhnen, empfiehlt es sich für gesunde Menschen jeden Tag und bei jedem Wetter, solange natürlich kein Unwetter herrscht, an die frische Luft zu gehen. Außerdem sollte ein regelmäßiger Schlaf- und Mahlzeitenrhythmus eingehalten werden, besonders bei Hitze darf man auf die Aufnahme von Flüssigkeit nicht vergessen, Stress sollte vermieden werden, Alkohol- und Tabakkonsum sowieso.

Sofern man nicht an einer chronischen Krankheit leidet, sondern vielleicht eher dazu neigt, ein Hypochonder zu sein, ist es, denke ich, nicht unbedingt zu empfehlen, jeden Tag die Vorhersage des Bio-Wetters zu studieren. Solche Dienste werden neuerdings in Massen, oft auch kostenpflichtig angeboten. Wie sehr und für welche Bevölkerungsgruppen das Wetter belastend sein wird, ist sehr schwer vorauszusehen. Deshalb wirken die Bio-Wetter-Prognosen auch extrem schwammig und erinnern eher an Horoskope. Jeder kann herauslesen, was er gerne möchte. Es liegt nahe, dass das die Tendenz, sich ein bestimmtes Leiden einzubilden, um einiges zu steigern vermag.

59 Weder Schwalben noch Ameisen sehen in die fernere Zukunft

Zahlreiche Bauernregeln unterstellen den Tieren Seherkräfte. Hier einige Beispiele, die mir untergekommen sind, und die, wie ich meine, auch der allgemeinen Meinung entsprechen:

- Vergrößert sich der Ameisenhaufen,
  gehst du schleunigst Brennholz kaufen.
- Die Schwalben sind im Juli fort,
  jetzt ist der Winter bald im Ort.
- Bleibt der Storch noch länger sitzen,
  werden wir im Winter schwitzen.
- Hat das Vieh ein dickes Fell,
  kommt ein harter Winter schnell.
- Wenn der Kuckuck kuckuck macht,
  ist der Sommer schon erwacht.
- Gibt es Maikäfer in Massen,
  wird das Jahr uns schwitzen lassen.

Die ersten vier Regeln beziehen sich auf den Winter, die letzten zwei auf den Sommer.

Es ist niemandem zu verübeln, dass er die Tierwelt beobachtet und seine Beobachtungen dann mit anderen Gegebenheiten vergleicht. Tatsächlich stimmen auch viele der Beobachtungen wirklich mit der prognostizierten Wetterentwicklung überein. Nur liegt es nicht daran, wie man meinen möchte, dass die Tiere in die Zukunft blicken könnten, sondern daran, dass sie auf bereits vorhandene Gegebenheiten reagieren. Außerdem bestätigt sich die Prognose, die man anhand einer Bauernregel getroffen hat, im

Nachhinein so gut wie immer, was aber nicht so sehr an ihrer Richtigkeit liegt, sondern eher am subjektiven Empfinden des Menschen. Wenn ich also zum Beispiel sage: »Heute ist das Wetter schön!«, dann ist das Wetter auch schön. Und wenn ich als Finanzminister feststelle: »Es gibt kein Geld für gar nichts!«, dann wird das auch so sein, auch wenn eigentlich noch die eine oder andere Milliarde zur Verfügung stünde.

Ähnlich ist es mit dem ersten Spruch über die Ameisen. Wer kann schon feststellen, ob ein Ameisenhaufen besonders groß oder besonders klein ist? Natürlich dient die obere Schicht des Haufens im Winter als Isolation. Und wahrscheinlich wird der Haufen ab einer bestimmten Außentemperatur auch besonders emsig vergrößert. Dadurch prognostizieren die Ameisen aber nicht einen strengen Winter, sondern reagieren darauf, dass es so kühl geworden ist, dass der Winter fast vor der Tür steht. Ähnlich verhält es sich mit den Zugvögeln. Sie fliegen fort, wenn es so kühl geworden ist, dass es kein Futter mehr gibt. Und sie kommen an, wenn es in ihren Wintergebieten so heiß ist, dass sie sich nicht mehr wohl fühlen. Beides sind Reaktionen auf Gegebenheiten, die uns unter Umständen, aber nicht notwendig auf Zukünftiges schließen lassen können. Der Fellwechsel bei vielen Säugetieren ist auch eine Reaktion, nämlich auf sich ändernde Temperatur- und Lichtverhältnisse. Deswegen fällt er auch bei Haustieren, die in der Wohnung gehalten werden, anders aus als bei Tieren, die ihr Dasein in der freien Wildbahn fristen. Besonders starke Störungen beim Fellwechsel lassen vor allem auf Parasiten schließen. Und wenn es Maikäfer in Massen gibt, heißt das auch nichts anderes, als dass es bereits warm ist. Weder Maikäfer noch Schwalben verfügen also über übersinnliche Kräfte.

60 Wetterhäuschen funktionieren nur im Freien

Wetterhäuschen, die sich bis heute in vielen Haushalten finden, werden oft falsch eingesetzt. Innerhalb der eigenen vier Wände mögen sie je nach Geschmack das Interieur zieren, ihre Wirkung entfalten sie dort jedenfalls nicht. Denn Wetterhäuschen sind nichts anderes als einfache Hygrometer. Sie messen die Luftfeuchtigkeit und kündigen somit nahenden Regen an. Meist handelt es sich um zwei Figuren, eine Frau und einen Mann, die auf einer drehbaren Scheibe montiert sind. Durch eine Feder werden sie in eine Richtung gezogen, für die Gegenkraft sorgt meistens ein Strang Pferdehaare, der besonders empfindlich auf Feuchtigkeit reagiert. Kommt die Frau vor das Häuschen, sollte es trocken bleiben. Im günstigsten Fall bedeutet es, dass am nächsten Tag die Sonne scheint. Tritt der Mann aus der Tür, der oft mit Regenschirm ausgerüstet ist, steht Niederschlag bevor.

Ähnlich verhält es sich mit den mehr oder weniger geschmackvollen Figuren, die sich je nach Wetterlage verfärben. Sie leuchten rosa, wenn Regen bevorsteht, und strahlen hellblau, wenn am nächsten Tag die Sonne scheint. Bei dem Pulver, mit dem die Engel, Delfine oder Flötenspieler beschichtet sind, handelt es sich um das extrem hygroskopische Cobaltchlorid, das sich im feuchten Zustand von hellblau auf dunkelrot verfärbt. Steht ein Wetterhäuschen in einer

Wohnung oder einem Haus, und sei es am Fensterbrett, zeigt es vor allem an, ob Wäsche zum Trocknen aufgehängt ist, ob gerade gekocht wird oder ob der Luftbefeuchter funktioniert.

61 Regen riecht

Die Bauernregel »Haben viele Dinge einen Geruch, kommt der Regen zu Besuch« ist völlig richtig. Kurz bevor es zu regnen beginnt, riecht die Luft anders. Doch nicht der Niederschlag selbst, sondern seine Begleiterscheinungen verursachen Gerüche und kündigen baldige Nässe an. Am intensivsten steigt uns der Geruch des Stoffes Geosmin, den wir unter »muffig-erdig« einordnen, in die Nase. Dieser natürlich vorkommende Alkohol, den Mikroorganismen produzieren, ist auch für den Geruch von Schimmelpilzen verantwortlich. Er ist sehr flüchtig und im Boden eingeschlossen, doch bei nahendem Regen sinkt der Luftdruck, und der Duft strömt aus.

Hat es einmal zu regnen begonnen, riecht die Luft kurzfristig nach Staub, da es etwas dauert, bis ihn die Nässe zu Boden drückt. Länger andauernder Niederschlag wäscht allerdings die Duftstoffe wieder aus der Luft und der typische Regengeruch verschwindet.

62 Admiral Nelson hatte einen entscheidenden Vorteil

Der berühmte britische Admiral Lord Horatio Nelson, der die Flotte Napoleons zweimal entscheidend schlug, nämlich einmal in der Schlacht am Nil, das andere Mal in der großen

Schlacht bei Trafalgar im Jahr 1805, hatte eine Gabe, die ihm gegenüber seinen französischen und spanischen Widersachern einen entscheidenden Vorteil brachte: Er hatte bei der misslungenen Invasion auf Teneriffa seinen rechten Arm verloren. Dadurch litt er oft unter Schmerzen, die sich bei wechselnden Wetterverhältnissen verstärkten. So war er an Deck seiner Segelschiffe eine wandelnde Wetterstation. Sein Schiffsarzt Dr. Beatty bestätigte: »Er konnte jeden Wetterumschwung genauer vorhersagen als das Marine-Barometer.«

Diese Tatsache, viel Erfahrung und das gute Training seiner Besatzung verhalfen Lord Nelson etwa dazu, vor der Schlacht am Nil mehrere Tage vor der französischen Flotte in Alexandria einzutreffen, obwohl der Ausgangspunkt der beiden Flotten etwa derselbe war. Einige Monate vor der Schlacht bei Trafalgar verfolgte er mit bereits stark reparaturbedürftigen Schiffen die mehrfach überlegene französisch-spanische Flotte über den Atlantischen Ozean bis in die Karibik, wo es zur Schlacht gekommen wäre, wenn nicht der französische Admiral Villeneuve schleunigst die Flucht zurück nach Europa angetreten und Nelson nicht falsche Informationen über dessen Kurs erhalten hätte.

Die starke Empfindlichkeit eines amputierten Körperteils vor allem gegenüber wechselndem Luftdruck belegt unter anderem die heutzutage übliche Behandlung des Stumpfes unmittelbar nach der Amputation. Über mehrere Tage wird er abwechselnd starkem und niedrigem Druck ausgesetzt, was die Durchblutung fördert und den Heilungsprozess beschleunigt. Ähnlich wetterempfindlich wie der berühmte Admiral sind alle Menschen mit chronischen Erkrankungen wie

Rheuma, Herzkrankheiten, Blutdruckproblemen, Asthma oder etwa chronischer Bronchitis. Natürlich äußert sich die Wetterempfindlichkeit aber nicht bei jeder Erkrankung gleich, und bei manchen ist mit dem Wetter alles andere als zu spaßen.

63 Die Atmosphäre ist ein Radiosender

Die Moleküle in der Atmosphäre reiben immerfort aneinander, manchmal mehr, manchmal weniger, und laden sich dadurch elektrostatisch auf. Am deutlichsten ist das bei einem Gewitter zu sehen, bei dem die Spannung so hoch geworden ist, dass es zu Entladungen in Form von Blitzen kommt.

Von Blitzen gehen starke elektromagnetische Impulse aus, die den Radiowellen ähneln und die man bis zu tausend Kilometer weit empfangen kann. Solche natürlich vorkommenden Impulse werden auch Sferics genannt, und es gibt viele verschiedene Arten davon. Neben den Sferics, die durch Blitze entstehen, gibt es etwa auch schwächere, die immer auftreten, wenn Luftmassen vermehrt aneinander reiben, zum Beispiel bei allen Fronten, Gewittern und besonders Tornados.

Entdeckt wurden diese natürlichen Radiowellen am Ende des neunzehnten Jahrhunderts, nämlich als Störungen im Radioempfang in Form von Knistergeräuschen. Erst seit den 80er Jahren des zwanzigsten Jahrhunderts werden die Sferics genauer untersucht, und inzwischen werden sie auch von meteorologischen Stationen gemessen. Das Empfangen der atmosphärischen Impulsstrahlung ist auch zu einem kleinen Hobby unter Amateurfunkern geworden. Es ist gewiss verlockend, das unterschiedliche Knistern des himmlischen Radiosenders als Musik zu deklarieren. Allerdings sollte man mit seinem Radioapparat nicht gerade unter einer Hochspannungsleitung sitzen.

Unter anderem wurden auch die Reaktionen des Menschen auf diese häufig vor Wetterumschwüngen auftretenden Impulse untersucht. Besonders bei subjektiv wetterfühligen Testpersonen wurde bei verstärkter Häufigkeit der Sferics im EEG durchaus eine Veränderung wahrgenommen. Das Wetter übt also nicht nur indirekt über unsere Sinneseindrücke, sondern auch direkt Einfluss auf unser Gehirn aus. Mit Sferics zusammenhängende Beschwerden konnten aber nicht nachgewiesen werden. Die Annahme liegt nahe, dass vor Gewittern auch Tiere auf Sferics reagieren.

64 Der Hundertjährige Kalender galt nur sieben Jahre lang

Der Verfasser des bis heute beliebten »Calendarium oeconomicum practicum perpetuum«, also des »Wirtschaftlich praktischen ewigen Kalenders« war im 17. Jahrhundert der Abt des Zisterzienserklosters Langheim in Bayern, Mauritius Knauer. Er wurde, nebenbei gesagt, im Wiener Stephansdom zum Priester geweiht. Als Abt machte er sich um sein Kloster sehr verdient, vor allem indem er es wirtschaftlich wieder auf die Beine stellte, nachdem es im Dreißigjährigen Krieg verwüstet worden war. Unter anderem verfasste er auch den erwähnten Kalender, der seinen Mönchen helfen sollte, das Wetter vorauszusehen und die Feldarbeit optimal zu organisieren. Der Kalender beruhte auf astrologischen Vorstellungen einerseits und andererseits auf einer siebenjährigen genauen Beobachtung der Wetterverhältnisse, und zwar vermutlich in den Jahren 1652 bis 1658. Knauer ging von einer relativen Unfehlbarkeit seines Werks aus, schränkte aber ein, dass seine Prognose von seltenen Faktoren wie Kometen oder Sonnen- und Mondfinsternissen verändert werden könne. Aufgrund einer Auflistung astronomischer Erscheinungen über hundert Jahre am Anfang des Werks bürgerte sich der Name »Hundertjähriger Kalender« ein.

Aus meteorologischer Sicht ist ihm keine Bedeutung zuzusprechen. Dennoch war das Werk besonders im 18. Jahrhundert sehr verbreitet, und es verkauft sich bis heute bestens. Sicher ist jedenfalls, dass der Kalender für sieben Jahre galt, nämlich für die sieben Jahre, in denen Mauritius Knauer seine Beobachtungen anstellte.

65 Das Klima hat Heilkräfte

Unterschiedliche klimatische Bedingungen haben auch unterschiedliche Auswirkungen auf den Menschen. Deswegen hat sich im 19. Jahrhundert die sogenannte Klimatherapie entwickelt. Sie beruhte zunächst auf der Beobachtung, dass sich etwa die ansteckende Tuberkulose in bestimmten Regionen des Hochgebirges kaum verbreitete. Das lag allerdings mit ziemlicher Sicherheit weniger an der Luft als an der Tatsache, dass die abgeschnittenen Täler der Alpen schwerer von jeglichen Arten von Epidemien heimgesucht werden konnten als etwa städtische Ballungsräume. Heute kann Tuberkulose glücklicherweise medikamentös behandelt werden, und die Ärzte sind nicht mehr ausschließlich auf Luftkurorte angewiesen. Deswegen haben sich viele ehemalige Klimatherapie-Sanatorien zu Kurhotels entwickelt. Dennoch wird an einem wohltuenden Einfluss bestimmter Klimaverhältnisse nicht gezweifelt.

Beim Heilklima werden drei Arten unterschieden. Erstens gibt es das Klima an den Meeresküsten. Die saubere und stark mit Salzwassertröpfchen und trockenem Salz angereicherte Luft wirkt auf die Atemwege und auf die Haut beruhigend und desinfizierend, gleichzeitig aber stoffwechselanregend und durchblutungsfördernd. Wegen dieser anregenden Wirkung wird diese Art des Heilklimas auch Reizklima genannt. Österreichs Kaiserin Sisi hat aufgrund ihres Lungenleidens lange Zeit auf der spanischen Atlantikinsel Madeira und auf der griechischen Insel Korfu verbracht.

Zweitens gibt es das Reizklima im Hochgebirge. Hier sollen der niedrige Luftdruck, die starke ultraviolette Strahlung, die geringe Luftfeuchtigkeit und Reinheit der Luft anregend, sprich reizend sein.

Drittens ist das sogenannte reizarme Klima, das auch als Schonklima bekannt ist, zu nennen. Es zeichnet sich durch besondere Milde und Ausgeglichenheit aus und kommt meistens im Mittelgebirge vor. Die Ruhe und das Landschaftsbild sollen zusätzlich die Psyche positiv beeinflussen.

Umgekehrt kann uns das Klima auch krank machen. Denn im Gegensatz zum Heilklima gibt es auch ein Belastungsklima, das einen eher ungünstigen Einfluss auf den menschlichen

Organismus ausübt. Es ist von hoher Luftfeuchtigkeit, hohen Temperaturen mit mangelndem Luftaustausch sowie von Schwüle oder Föhn gekennzeichnet. Vor allem der Föhn bewirkt, dass nicht jedes Alpental automatisch ein Luftkurort sein kann. Das Belastungsklima kann Stresssymptome wie Bluthochdruck oder Schlafstörungen verursachen. Am häufigsten tritt es in Talniederungen und an den dort gelegenen Seen auf, weil sich hier schlechte Luft staut. Auch Ballungsräume sind dafür typisch, wofür größtenteils der vom Menschen verursachte Schadstoffausstoß verantwortlich ist.

66 Der Mond schrumpft

Der Mond entstand vermutlich vor 4,5 Milliarden Jahren, als die damalige Ur-Erde, besser Protoerde, mit einem Körper kollidierte, der etwa halb so groß wie unsere heutige Erde gewesen sein muss. Es kam zu einer Vereinigung der beiden Körper, wobei gewaltige Brocken aus ihnen herausgelöst und in die Umlaufbahn des neuen Planeten geschleudert wurden. Mit der Zeit vereinigten sich diese Brocken aufgrund der Gravitationsgesetze zu unserem heutigen Mond. Während dieses Vorgangs wurde sehr viel Energie freigesetzt, weshalb der Mond ursprünglich völlig mit einem Ozean aus flüssigem Magma überzogen war.

Nach und nach kühlte er ab und es entwickelte sich eine dünne Kruste auf seiner Oberfläche, die hin und wieder noch durch Einschläge diverser Asteroiden durchschlagen wurde. So bildeten sich die für den Mond typischen Krater, die auch als Meere bezeichnet werden, und deren untere Teile sich wieder mit Magma füllten.

Nun ist der Abkühlungsprozess des Mondes bis heute nicht abgeschlossen. Aufgrund der Abkühlung schrumpft er, sodass sich sein Durchmesser in den letzten paar Milliarden Jahren um etwa hundert Meter verringerte. Das sind zwar nur etwa 0,00003 Prozent, es führt aber dazu, dass der Mond geologisch durchaus aktiv ist. Abgesehen davon, dass auf dem Mond hinterlassene Seismografen regelmäßig schwache Erdbeben verzeichnen, ist die Oberfläche unseres Trabanten mit langen, kaum mehr als dreißig Meter hohen Brüchen durchzogen. Weil diese Brüche auch durch viele Krater führen, müssen sie jünger als diese Krater sein.

Die Phase, in der der Mond noch schneller abgekühlt und geschrumpft ist als heute, ließ jedenfalls gewaltige Faltengebirge entstehen, sodass der maximale Niveauunterschied auf dem Mond sechzehn Kilometer beträgt. Bei der vom Durchmesser her 3,5-mal größeren Erde beträgt der Niveauunterschied zwischen dem tiefsten Punkt im Marianengraben und dem Mount Everest nur zwanzig Kilometer.

67 Das Ozonschicht ist so gut wie gerettet

Ende des 19. Jahrhunderts wurde die künstliche Herstellung von Fluorchlorkohlenwasserstoffen, kurz FCKW, entwickelt. Es sind eigentlich Kohlenwasserstoffverbindungen, bei denen der Wasserstoff durch Fluor oder Chlor ersetzt wird. Sie schienen auf den ersten Blick immense Vorteile zu haben, da sie sehr beständig, also ungiftig und unbrennbar sind. Deshalb wurden sie im großen Ausmaß als Treibmittel in Spraydosen oder in Schaumstoffen, als Lösungsmittel und vor allem als Kältemittel in Kühlschränken verwendet.

Ihre Vorteile erwiesen sich aber spätestens in den 80er Jahren des letzten Jahrhunderts als ihr größter Nachteil. Durch ihre Langlebigkeit und Flüchtigkeit verweilen sie bis zu 150 Jahren in der Atmosphäre, und gelangen so ohne Schwierigkeiten in die 15 bis 50 Kilometer über dem Erdboden liegende Stratosphäre. Dort befindet sich auch die Ozonschicht, die unseren Planeten vor gefährlicher ultravioletter Strahlung schützt. Diese funktioniert so, dass durch kurzwellige UV-Strahlung normale Sauerstoffmoleküle aufgespaltet werden und sich anschließend zu Ozonmolekülen zusammenschließen. Durch längerwellige UV-Strahlung werden wiederum die Ozonmoleküle aufgespaltet und Sauerstoffmoleküle entstehen. FCKW werden ebenso durch die UV-Strahlung zerlegt, und Chlor- beziehungsweise Fluoratome werden frei. Diese verbinden sich daraufhin mit den Sauerstoffatomen und lösen so als Katalysatoren das instabile Ozon auf. Diesen Prozess kann ein einzelnes Chloratom immer wieder durchlaufen, weshalb es bis zu 100.000 Ozon-Moleküle zerstören kann. In der langen Polarnacht kann die Konzentration der Chlor-, Fluor-, Brom- oder zum Beispiel auch Schwefelverbindungen stark ansteigen. Kaum geht dann die Sonne wieder auf, werden sie alle aufgelöst und das große Ozonfressen kann beginnen. Deshalb und auch wegen besonderer Windverhältnisse über der Antarktis ist die Ozonschicht dort am meisten beschädigt. Selbstverständlich gibt es auch natürliche Quellen für Verbindungen, die der Ozonschicht gefährlich sind. Es sind dies vor allem Vulkanausbrüche und bestimmte Pflanzenarten. Außerdem hängt die Entwicklung der Ozonschicht mit der Sonnenstrahlung zusammen. Entscheidend ist aber wie so oft der menschliche Einfluss. Im Jahr 2006 erreichte das Ozonloch über der Antarktis die größte Ausdehnung. Es ist also noch lange nicht weg. Dennoch rechnet die Wissenschaft mit seinem Verschwinden in der zweiten Hälfte unseres 21. Jahrhunderts.

Die Ozonschicht hat übrigens nichts mit der Ozonkonzentration in der Atemluft zu tun.

68 Auch ohne menschliches Zutun würde es auf der Erde immer wärmer werden

Der in den vergangenen Jahrzehnten beobachtete Anstieg der globalen Durchschnittstemperatur ist zum Teil menschlich verursacht. Wenn wir unser Verhalten nicht radikal ändern, wird diese Entwicklung dramatische Folgen haben. Doch auch ohne unser Zutun würde sich die Erde immer weiter erwärmen. Wir befinden uns seit 30.000 Jahren in einem Eiszeitalter, das sich wohl langsam dem Ende zuneigt. Von einem Eiszeitalter spricht man dann, wenn mindestens ein Pol der Erde dauernd mit Eis bedeckt ist. Außerdem war und ist auch dieses Eiszeitalter von Warm- und Kaltperioden durchwirkt. Am eindrücklichsten war die letzte große Eiszeit, die auch gemeinhin als solche bezeichnet wird, und die seit etwa 11.000 Jahren abgeschlossen ist. Man spricht außerdem auch von der Kleinen Eiszeit, die sich vom 16. bis ins 19. Jahrhundert erstreckte. Es ist bekannt, dass in der Barockzeit in Venedig das Eislaufen ein beliebter Sport war. Heute frieren die Kanäle nicht mehr zu. Auch aus China sind unter anderem Gemälde überliefert, die Schneelandschaften zeigen, wo sie heute undenkbar wären. Die meisten Gletscher der Alpen hatten bis ins neunzehnte Jahrhundert beachtliche Ausmaße. Die Wikinger-Kolonien in Grönland gingen am Anfang des 16. Jahrhunderts zu Grunde. Aber auch Eisbohrungen weisen diese kleine Eiszeit nach. Das Mittelalter hingegen war von einer Warmperiode geprägt, die es etwa den Wikingern ermöglichte, nach Amerika zu segeln. Am Anfang einer solchen Warmperiode befinden wir uns auch heute. Womit solche Prozesse im Detail zusammenhängen, ist nicht ganz geklärt. Hauptverantwortlich werden wahrscheinlich die Plattenverschiebungen sein, die Luft- und Wasserströmungen verändern. Auch Veränderungen der Erdumlaufbahn und der Sonnenaktivität tragen ihren Teil dazu bei. Nicht zuletzt muss die Vulkanaktivität bedacht werden.

Trotzdem beschleunigen wir Menschen die Erwärmung diesmal erheblich und brocken uns so mehr Schwierigkeiten als notwendig ein. Wir wissen ja, dass bei plötzlichen Klimaveränderungen oft zahlreiche Tierarten ausgestorben sind. Welche Folgen die jetzige Erwärmung im Detail haben wird, werden vielleicht unsere Kinder erfahren.

69 Die Mondbahn ist spiralenförmig

Das kommt dadurch zustande, dass der Mond, der unsere Erde auf seiner leicht ellipsenförmigen Bahn etwa einmal in 27 Tagen umkreist, sich langsam aber sicher um 3,8 Zentimeter jährlich von uns entfernt. Der Abstand zwischen Erde und Mond beträgt zurzeit etwa 363.000 Kilometer, wenn der Mond am nächsten, und 405.500 Kilometer, wenn er am weitesten entfernt ist.

Die Ursache für diese Fluchttendenz des Mondes liegt nicht darin, dass er uns nicht mögen würde. Vielmehr wirken auf die Erdrotation und genauso auf die Umlaufbahn des Trabanten sogenannte Gezeitenkräfte. Diese sind, wie der Name sagt, für Flut und Ebbe unserer Wasserflächen verantwortlich. Gleichzeitig hat die Anziehungskraft der Erde dem Mond fast die Form eines Eis verliehen. Und überhaupt wird jedes Objekt, auf das Gravitation, also Gezeitenkraft, eines anderen wirkt, dadurch langsam verformt und kann bei niedriger Festigkeit sogar zerrissen werden, wie dies bei Kometen hin und wieder vorkommt. Abgesehen davon führen diese Gezeitenkräfte unter bestimmten Umständen dazu, dass durch Energieumwandlungen und Unregelmäßigkeiten der geometrischen Beschaffenheit der Körper ihre Rotation um die jeweils eigene Achse verlangsamt wird. Deswegen werden unsere Tage mit der Zeit langsam länger, nämlich um etwa eine Sekunde in 100.000 Jahren. Und gleichzeitig wird der Bahnrotation des Mondes Energie zugeführt, weshalb er übermütig wird und sich denkt, ruhig etwas weiter weg fliegen zu können. Aber keine Angst, der Mond kommt uns nicht abhanden. In etwa fünf Milliarden Jahren wird sich ein Ausgleich zwischen den Kräften herstellen und der Mond wird sich wie ein geostationärer Telefonsatellit immer über demselben Punkt der Erdoberfläche befinden, weil sich seine Umlaufbahn an die Eigenrotation der Erde angeglichen haben wird.

Die Entfernung des Mondes kann seit den siebziger Jahren genau gemessen werden, seitdem nämlich auf seiner Oberfläche Reflektoren platziert wurden, die man mit einem Laserstrahl anvisieren kann. Dabei wird die Dauer gemessen, bis der Strahl auf der Erde wieder angekommen ist.

70 Durch den Klimawandel kreuzen sich Eisbären mit Braunbären

Wegen der steigenden Temperaturen kommt es in manchen Regionen der Erde zur Bildung neuer Tierarten. Eine davon ist der Grolar, eine Kreuzung zwischen Grizzly und Polarbär. Laut Experten gibt es diese Grolare, auch Hybridbären genannt, bereits in der zweiten Generation. Für die Jäger der Inuit tut sich damit ein neuer Geschäftszweig auf. Die außergewöhnlichen Felle dieser Kreuzung werden zu Spitzenpreisen von rund 10.000 Euro gehandelt.

Der Klimawandel bewirkt auch noch einige andere Veränderungen in der Tier- und Pflanzenwelt. Zum Beispiel werden die in Grönland beheimateten Wolfsspinnen immer größer. Messungen zwischen 1996 und 2005 ergaben ein durchschnittliches Wachstum von rund 10 Prozent, wobei die Männchen früher reif und die Weibchen fruchtbarer werden.

Außerdem verzichten viele Zugvögel längst auf ihre Reise in den Süden und überwintern lieber an Ort und Stelle. Fische laichen früher. Insekten entwickeln sich schneller und breiten sich rascher aus. Winterschläfer bleiben länger wach. Tiere und Pflanzen aus wärmeren Klimazonen werden bei uns heimisch, wie beispielsweise der Bienenfresser, eine Vogelart aus Asien, Afrika und Südeuropa.

Diejenigen Tierarten, die es lieber kalt mögen, sterben in manchen Regionen aus, zum Beispiel Polarfüchse und Schneehasen. Sogar so häufige Zeitgenossen wie Fichten und andere Nadelbäume sind in vielen Gegenden von der globalen Erwärmung bedroht, da sie von Schädlingen, die bei tiefen Temperaturen erfrieren würden, zerstört werden. Viele Gemüsesorten, wie Paradeiser oder Paprika, die bei uns bisher fast nur in Treibhäusern gezogen werden konnten, werden wohl bald eher draußen angebaut werden. Und südliche Obstsorten wie Zitrusfrüchte oder Melonen könnten schon bald heimisch sein.

71 Der Mond zeigt sich immer nur von einer Seite

Zwischen Erde und Mond herrscht die sogenannte gebundene Rotation. Das heißt, dass die Rotation des Mondes um die eigene Achse sich der der Erde angeglichen hat. Deswegen sehen wir unseren Trabanten auch immer nur von einer Seite. Die Gravitation der Erde verformte den Mond so stark, dass er uns immer nur mit seiner »schwereren« Seite zugewandt sein kann.

72 Der Klimawandel schürt Hass

Einige britische Ärzte sind der Meinung, dass deutliches Übergewicht für das Klima ähnlich belastend sei, wie mit einem Spritschlucker herumzufahren. Denn Dicke bräuchten mehr Nahrung, deren Herstellung und Transport Kohlendioxid freisetzt. Außerdem würden sie häufiger das Auto benutzen, statt zu Fuß zu gehen. Der von Übergewichtigen verursachte zusätzliche Kohlendioxidausstoß liege demnach weltweit bei einer Milliarde Tonnen im Jahr. Wahrscheinlich produzieren sie auch mehr Methan. Daher solle Übergewicht auch unter Klimagesichtspunkten bekämpft werden. Umgekehrt gesehen wären dann aber Magersüchtige dem Klima besonders zuträglich. Solche und ähnliche Studien finde ich kurzweilig bis verstörend, weil sie oft mehr über die Gesellschaft aussagen als über das Klima. Bestimmt könnte man sich eine Studie aus den Fingern saugen, die besagen würde, dass alte Menschen, unverheiratete Frauen, Moslems, Juden, Christen, Roma, Hexen, Hochleistungssportler, oder welche Bevölkerungsgruppen auch immer, maßgeblich am Klimawandel verantwortlich seien.

So behaupten wiederum neuseeländische Forscher, dass ein mittelgroßer Hund durch seinen Fleischverbrauch die Umwelt stärker belaste als ein Geländewagen. Sie fordern Hundebesitzer auf als Ausgleich Vegetarier zu werden oder auf den Zweitwagen zu verzichten. Immerhin haben die meisten Österreicher nur ein Auto.

Der Beginn der sogenannten Kleinen Eiszeit im sechzehnten Jahrhundert ließ die Hexenverfolgung und den Fremdenhass besonders drastisch ansteigen. Ganze Dörfer wurden im Hexenwahn ausgerottet, Roma, Juden oder auch andere Andersgläubige wurden vertrieben oder ermordet, weil sie für den Klimawandel und die daraus resultierenden Missernten verantwortlich gemacht wurden.

73 Der Mond reflektiert nicht nur direktes Sonnenlicht

Jeder kennt es, wenn bei zu- beziehungsweise abnehmendem Mond nicht nur die Sichel, sondern das gesamte Mondrund als leichter Schimmer erkennbar ist. Das ist leicht zu erklären. Die Albedo, die Rückstrahlkraft, der Erde ist um einiges höher als die unseres Trabanten. Deshalb reflektiert der Mond nicht nur das Sonnenlicht zu uns, sondern spiegelt auch das von der Erde reflektierte Sonnenlicht zurück.

74 Kühlt die Sonnenoberfläche ab, verbrennt die Erde endgültig

Zurzeit wird die Sonne langsam immer heißer und heißer, weil der Druck in ihrem Kern stetig zunimmt, folglich immer mehr Wasserstoff zu Helium fusioniert, und die Fusionszone sich langsam ausweitet. Wir sprechen von einem Hauptreihenstern mit einer Lebensdauer von etwa neun Millionen Jahren. Nach dem Ablauf dieses Lebensalters wird der Wasserstoff im Sonnenkern aufgebraucht sein. Die Fusionsprozesse hören dort auf, die Gravitation wird stärker als der Gasdruck, und die Masse und Dichte des Kerns nehmen zu. Nun fusioniert der Wasserstoff in der Schale der Sonne, das sogenannte Schalenbrennen setzt ein. Das treibt die Schale nach außen, der Radius und die Leuchtkraft nehmen zunächst leicht, dann plötzlich extrem schnell zu, aber die Oberflächentemperatur bleibt in etwa gleich.

Im ersten Leuchtkraftmaximum hat der neu entstandene Rote Riese eine 1500-fache Leuchtkraft und den 120-fachen Radius unserer heutigen Sonne erreicht. Dabei ist die Oberflächentemperatur aber etwas niedriger. Der Mars und die Venus sind dennoch völlig vernichtet, die Erdoberfläche ist zu flüssigem Lava aufgeschmolzen. Der Sonnenwind ist 10.000-mal so stark wie jetzt, was zu einem erheblichen Masseverlust des gesamten Sterns führt. Gleichzeitig steigt die Dichte des Kerns weiter, bis die Materie dort entartet ist, das heißt, dass ihre Temperatur nicht mehr im Verhältnis zur Dichte und zum Druck steht.

Ist die erforderliche Temperatur schließlich doch erreicht, setzt explosionsartig die Fusion von Helium zu Kohlenstoff ein. Diese Explosion, die als Helium-Blitz bezeichnet wird, wird von der Schale abgefangen. Nur die alleräußersten, kühlen Schichten werden abgeworfen.

Nun hat dieser Rote Riese eine neue Energiequelle und leuchtet lustig mit zwölf Sonnenradien und der 37-fachen Leuchtkraft der Sonne vor sich hin, bis ihm auch das Helium als Brennstoff ausgeht. Es kommt wieder zum Schalenbrennen, wieder zu einer Expansion, diesmal aber auf eine etwa 2500-fache Leuchtkraft der Sonne und auf 160 Sonnenradien. Schließlich, nach etwas mehr als elf Milliarden Jahren Lebensdauer und nach kaum zwei Milliarden Jahren Dasein als Roter Riese, ist auch das Helium als Fusionsmaterial versiegt. Ein Roter Riese, der aus der Sonne hervorgeht, stößt dann seine äußeren Hüllen ab und kühlt langsam als extrem dichter Weißer Zwerg mit Kohlenstoffkern ab. Dabei ist er zunächst einige hundert Millionen Jahre lang noch von einer Gaswolke umhüllt, die von der äußeren Schicht des Roten Riesen übriggeblieben ist. Bei einem schwereren Ausgangsstern käme es zu einem Ende als Supernova oder gar als Schwarzes Loch.

Das wird die Menschheit aber kaum erleben. Denn erstens wird das menschliche Leben auf der Erde wegen der steigenden Leuchtkraft der Sonne ohnehin bereits in einer Milliarde Jahren unmöglich sein. Und zweitens haben wir die Erde, wenn wir weitermachen wie bisher, bestimmt schon in wenigen Jahrhunderten unbewohnbar gemacht. Es ist kaum vorstellbar, dass uns genug Zeit bleibt, um auf einen anderen Planeten auszuwandern, nicht einmal zu einem in der Umlaufbahn des berühmten Doppelsterns Alpha Centauri.

75 Die Erde taut auf

Als Permafrost- oder Dauerfrostböden bezeichnet man solche Erdschichten, die, von Ausnahmen abgesehen, immer Temperaturen unter dem Gefrierpunkt aufweisen. Dabei kann es sich sowohl um die Erdoberfläche handeln, als auch um Schichten in mehreren hundert Metern Tiefe, wie es sie in Sibirien gibt, deren Entstehung in die letzte Eiszeit zurückreicht. Aufgrund der globalen Erwärmung tauen die Permafrostböden derzeit in vielen Teilen der Erde auf. Noch gibt es sie naturgemäß vor allem in der Antarktis und auf Grönland, ebenso wie in den Tundren und unter den Waldgebieten Skandinaviens, Sibiriens, Alaskas und Kanadas, aber etwa auch in Hochgebirgsregionen wie dem Himalaja und den Alpen. Etwa 20 bis 25 Prozent der Erdoberfläche bestehen aus verschiedenen Arten von unterschiedlich tief gelegenem Permafrost.

Die Grenzen dieser Gebiete verschieben sich vor allem in Nordamerika und Eurasien immer weiter nach Norden. Der Vorteil, dass es mehr landwirtschaftlich nutzbare Flächen geben könnte, wird von gravierenden Nachteilen überschattet. So kommt es bereits jetzt auch in Grönland zu Versumpfung weiter Gegenden. Nicht nur in Russland und Nordamerika versinken Gebäude im Boden, weil sehr tief gelegene Schichten aufgetaut und aufgeweicht worden sind. Es kommt zu Erdrutschen. In Extremfällen sinken weite Flächen einige hundert Meter ab und es bleiben tiefe, mit Wasser gefüllte Krater zurück. Sümpfe entstehen, aus denen vor zehntausenden Jahren entstandenes Methan entweicht, das den Treibhauseffekt weiter ankurbelt. In den Alpen setzt das Auftauen der Permafrostböden ganze Berghänge in Bewegung.

76 Die Welt braucht den Treibhauseffekt

Ganz ohne Atmosphäre gäbe es ähnlich wie auf dem Mond bei Tag und bei Nacht extreme Temperaturunterschiede. In der Sonne herrschen auf unserem Trabanten, der lediglich Gase aus dem Sonnenwind auffängt und in sehr geringen Mengen selbst ausstößt, etwa 130 Grad, bei Nacht sind es minus 160.

Die Atmosphäre der Erde schützt uns einerseits, indem sie das Sonnenlicht filtert. Andererseits funktionieren bestimmte Gase wie Kohlendioxid, Methan oder auch Wasserdampf wie das Glas in einem Gewächshaus. Sie reflektieren die Wärme zurück zur Erde. Sie sind wie eine Decke, in die sich unser Planet kuschelt. Ohne sie wäre es bei uns sehr ungemütlich.

Das Problem beim Treibhauseffekt stellt der menschliche Anteil daran dar. Er wird als anthropogener Treibhauseffekt bezeichnet und macht rund zwei Prozent des gesamten Effekts aus. Mitverantwortlich dafür sind unter anderem Industrialisierung, Nass-Reisanbau, Rinderzucht und Müllfäulnis.

Bei der Industrialisierung liegt das Problem darin, dass Kohlenstoff freigesetzt wird, den die Erde mithilfe ihrer Tektonik in Form von Erdöl, Erdgas oder Kohle gut versteckt hat. Würde nur Holz oder Tabak verbrannt werden, würde es kaum zum Treibhauseffekt beitragen, da der Baum ja unter normalen Umständen wieder nachwachsen und den Kohlendioxid durch Photosynthese wieder zu Sauerstoff umwandeln sollte. Beim Nass-Reisanbau wiederum wird deswegen Methan freigesetzt, weil das Wasser der bewässerten Reisfelder sehr sauerstoffarm ist und sich darin deshalb in großen Mengen anaerobe Bakterien ansiedeln, die ihre Energie durch Umwandlung von Kohlenstoffverbindungen zu Methan gewinnen. In den vergangenen hundert Jahren stieg der Kohlendioxidgehalt der Luft um etwa 35 Prozent und ihr Gehalt an Methan sogar um rund 150 Prozent.

77 Der Gletscherschwund ist nichts Neues

Seit Mitte des 19. Jahrhunderts hat die Mehrheit der Gletscher teilweise sogar beträchtlich an Masse und Fläche verloren. Die Alpengletscher schrumpften in den vergangenen 150 Jahren um ein Drittel. In einigen Regionen der Erde wachsen die Gletscher aber nach wie vor gegen den Trend, zum Beispiel in Teilen Norwegens oder in Neuseeland. In Österreich sind laut Alpenverein zwischen 2009 und 2010 von 93 nachgemessenen Gletschern 85 geschrumpft und sieben gleich geblieben, einer ist geringfügig gewachsen. Der durchschnittliche Rückgang unserer Gletscher betrug 14 Meter, den Niederjochferner im Ötztal hat der globale Temperaturanstieg sogar 46 Meter gekostet. Der Alpenverein beobachtet die Gletscherentwicklung in Österreich seit mehr als hundert Jahren.

Im Lauf der Klimageschichte hat es natürlich immer wieder Vorstöße und Rückzüge von Gletschern gegeben. Gegen 1850 etwa stieg die globale Durchschnittstemperatur schon einmal an. Einige Gletscher bildeten sich damals zurück. Nach 1940 blieb das Klima stabil, bis das ewige Eis ab den 1970er Jahren wieder rasch dahinschmolz. Trotzdem sind unsere heutigen Gletscher teilweise noch immer deutlich größer als im Mittelalter. Unter vielen Gletschern wurden Torfschichten und Baumreste gefunden, die diese Tatsache belegen.

Lokale Entwicklungen müssen jedoch nicht unbedingt parallel mit der globalen Klimaveränderung verlaufen.

78 Nicht jede Aschewolke verändert das Klima

Wir alle können uns noch gut an die Aschewolke aus dem isländischen Gletschervulkan Eyjafjallajökull erinnern, die im Frühjahr 2010 den Flugverkehr über Europa behinderte. Damals entstand das Gerücht, dass sie die Wetterentwicklung nachhaltig verändert haben könnte. Das stimmt so nicht. Asche ist unbedenklich für die Atmosphäre, sie vermag nur lokales Klima zu verändern, da sie bald wieder zu Boden fällt. Bedenklicher wären Gase wie Schwefeldioxid, das in die Stratosphäre gelangt und dort wie ein Schild die Sonnenstrahlen zurückreflektiert. Der Eyjafjallajökull hat zwar gewaltige Probleme nicht nur im Flugverkehr verursacht, Schwefeldioxid oder vergleichbare Gase hat er aber kaum ausgespien.

In der Geschichte gibt es klassische Beispiele für Vulkanausbrüche, die das Klima sehr wohl beeinflusst haben. So kam es etwa im Jahr 1783 zu lang andauernden Eruptionen des ebenfalls isländischen Vulkans Laki, die fast 10.000 Isländer das Leben kosteten, während gleichzeitig in Japan der Asama zunächst unmittelbar durch Lava und heiße Gase an die tausend Menschen in den Tod riss, anschließend den japanischen Himmel verdunkelte und durch die folgenden Hungerkatastrophen weitere Millionen dahinraffte. Auch in Amerika und in Europa waren diese Vulkanausbrüche zu spüren. Die Winter waren extrem streng und mit der Schneeschmelze im Frühjahr gingen Überschwemmungen einher.

1816 war das sogenannte Jahr ohne Sommer. Die Ursache war der Ausbruch eines indonesischen Vulkans, der schätzungsweise weit über hundert Megatonnen an Schwefelverbindungen in die Atmosphäre geschleudert hatte. Diese umgaben den gesamten Erdball mit einer Wolke, die die Sonneneinstrahlung bis ins Jahr 1819 reduzierte. Flugverkehrsprobleme sind bei einer solchen Katastrophe dann doch wohl eher nachrangig.

79 Der saure Regen ist in Europa Geschichte

Vor zwanzig Jahren war der saure Regen noch ein großes Thema. Er war hauptverantwortlich für das Waldsterben. Inzwischen ist der Begriff aus der Mode gekommen, denn der Regen ist nicht mehr viel saurer als er sein sollte.

Mit den vom Menschen verursachten Emissionen wie Schwefeldioxid, Kohlendioxid und Stickoxiden gelangen Stoffe in die Wolken, die für die Bildung der jeweils entsprechenden Säuren verantwortlich sind und den pH-Wert von den üblichen 5,6 auf bis zu 3,0 sinken lassen. Seitdem aber in der Industrie Filter verwendet werden, Katalysatoren die Stickoxide aus den Abgasen der Autos filtern und das Benzin entschwefelt ist, sinkt der Schadstoffgehalt der Luft. Dadurch lässt auch die Belastung durch sauren Regen nach. Weltweit ist das Problem natürlich noch lange nicht behoben. Auch die Wolken transportieren die säurebildenden Schadstoffe über weite Strecken, weshalb es in Europa immer noch regelmäßig zu saurem Niederschlag kommt. Da eine Übersäuerung des Bodens den Nährstoffgehalt stört, und die Säure obendrein auch die Schutzmechanismen der Blätter und das Chlorophyll selbst angreift, kann ich mir kaum erklären, wie es zum Gerücht kommen konnte, dass der saure Regen Spinat grüner aussehen lasse.

80 Wärmer wird es auf jeden Fall, um wie viel, hängt von uns ab

Niemand kann präzise voraussagen, wie das Klima im Jahr 2100 sein wird. Die Mächte, die zusammenspielen, sind zu zahlreich, voneinander abhängig und deshalb geradezu unberechenbar. Aber die Arbeit eines Meteorologen ist eben die Berechnung. Aus einer Beobachtung der Entwicklung in den letzten Jahrzehnten lässt sich jedenfalls schließen, dass es wärmer wird. Dabei kann es natürlich dazu kommen, dass sich durch die globale Erwärmung bestimmte Regionen abkühlen. So könnte etwa eine Veränderung des Golfstroms zu strengen Wintern in Europa führen.

Wirtschaftet die Menschheit so aggressiv und ausbeuterisch wie bisher, wird die Durchschnittstemperatur um vier oder mehr Grad ansteigen. Belassen wir es bei unserem jetzigen Energieverbrauch, führt das zu drei bis vier Grad Erwärmung. Fährt die Menschheit hingegen den Energieverbrauch mit radikalen Maßnahmen herunter und stoppt den Ausstoß von Treibhausgasen vollständig, so wird das eine Erwärmung von nur 2,5 Grad zur Folge haben. Aber auch bei einem Anstieg der globalen Durchschnittstemperatur bis 2100 um läppische zwei Grad wird es zu schwerwiegenden Folgen kommen.

81 Skurrile Ideen zur Bekämpfung des Klimawandels häufen sich

Der Klimawandel und seine Begleiterscheinungen haben schon viele, teils sehr skurrile Ideen und Forderungen entstehen lassen. Die Wirksamkeit ist durchwegs fraglich, und ihre Begleiterscheinungen sind zum Teil völlig unkalkulierbar. Originell sind einige davon allemal.

Im Weltall könnten Sonnensegel oder transparente Scheiben gespannt werden. Die riesigen Segel sollen die Sonnenstrahlen abmildern und die Erde beschatten. Schwefelpartikel könnten in die Stratosphäre befördert werden, wo sie die Sonnenstrahlen ins All reflektieren und damit die Erwärmung der Erde abschwächen könnten. Allerdings würden sie dort der Ozonschicht schaden. Meerwasser, das in die Atmosphäre gesprüht wird, beispielsweise von einer Flotte windbetriebener Glasfaserboote mit Unterwasserturbinen, würde die Wolkenbildung fördern.

Ein Aufwirbeln der oberen Wasserschicht des Ozeans soll Nährstoffe an die Meeresoberfläche befördern und das Algenwachstum stimulieren. Die Pflanzen sollen zusätzliches Kohlendioxid aufnehmen und so den Treibhauseffekt reduzieren. Eine Übervermehrung der meisten Algen würde aber alles Leben in den Meeren vernichten, da sie einerseits Gifte abgeben, andererseits müssten sie nach ihrem Absterben von anderen Organismen abgebaut werden, die ihrerseits Sauerstoff verbrauchen würden. Das würde den Sauerstoffgehalt im Wasser gegen Null drücken. Solche Szenarien sind besonders an Flussmündungen bestens bekannt.

In Deutschland hat ein Verein eine Pflanzenklappe aufgestellt, über die wie bei Babyklappen ungeliebte Blumentöpfe abgegeben werden können. Die Pflanzenaktivisten vermitteln sie dann an Adoptiveltern. Keine Pflanze darf dem Untergang preisgegeben werden, da uns ja jedes einzelne Blatt vor dem Niedergang bewahren könnte.

Aus der belgischen Stadt Gent stammt eine Maßnahme gegen den Klimakiller Methan aus Kuhhintern und Mäulern. Den Wiederkäuern mit den langen Wimpern entweichen nämlich ein- bis zweimal pro Minute Rülpser und Fürze, wobei pro Kuh rund 230 Liter Methan täglich freigesetzt werden. Die 240.000 Genter sollen deshalb jeden Donnerstag auf Fleisch verzichten. In Schulen, städtischen Einrichtungen und vielen Restaurants wird an diesem Tag vegetarisch gekocht. Laut Berechnungen der Veranstalter erzielt diese Maßnahme den gleichen Effekt, wie wenn 20.000 Menschen auf ihr Auto verzichten würden.

Die Ehefrau eines ehemaligen österreichischen Politikers schlug vor, dass sich jeder sein Gemüse am Balkon selbst anbauen sollte. Es war eigentlich als Maßnahme gegen die Arbeitslosigkeit und die Wirtschaftskrise gedacht, die natürlich sinnlos wäre. Aber angenommen, jeder Wiener Haushalt würde über einen zwei Quadratmeter großen Balkon verfügen, kämen wir auf eine zusätzliche Anbaufläche von 75 Hektar. Das würde den Schadstoffausstoß durch Transport etwas senken. Noch effizienter wäre allerdings, wenn sich jeder seine Wohnungseinrichtung, sein Auto, sein Badezimmer, seinen Computer, und was man nicht sonst so alles braucht, zu Hause selbst zusammenzimmern würde.

82 Spinnen machen vor Regen die beste Beute

Oder spinnen doch eher die Dichter der Bauernregeln? Es gibt einen Spruch, der folgendermaßen lautet: »Ist die Spinne müd zum Fangen, Gewitter schon am Himmel hangen«.

Diese Aussage ist nur bedingt hilfreich. Erstens sind die meisten mitteleuropäischen Spinnen nacht- beziehungsweise dämmerungsaktiv, also ist eine fangmüde Spinne am Tag keine Besonderheit. Zweitens stimmt es zwar tatsächlich, dass die meisten Radnetzspinnen scheinbar wasserscheu sind, was aber nicht daher rührt, dass sie nicht nass werden möchten, sondern dass die Arbeit am Netz durch Wasser um einiges erschwert wird. Bei Morgentau wird also keine Spinne arbeiten, sondern sich verstecken. Morgentau folgt aber nur auf heiße Tage und auf klare Nächte, in denen der aufgeheizte Boden schnell abkühlen kann, weshalb er gerade eher gutes Wetter ankündigt. Eine Spinne, die im Morgengrauen also nicht an ihrem Netz arbeitet, zeigt folglich ebenfalls gutes Wetter an. Insofern stimmt die Regel nicht. Knapp vor einem Regen wird die Fangquote der Spinnennetze dadurch erhöht, dass sich die Insekten nah am Boden aufhalten. In diesem Fall sitzt die Spinne in aller Ruhe in der Mitte ihres Netzes und wartet auf das ergiebige Mahl. Auch hier stimmt die Regel also nicht. Aus diesem Grund wird sich die Spinne erst dann verkriechen, wenn es wirklich zu regnen begonnen hat, und auch das ist nicht immer der Fall. Halbwegs nützlich ist also nur die Regel mit dem Morgentau, zumindest für die Frühaufsteher unter uns. Spinnt die Spinne am frühen

Morgen, ist der Boden trocken, was uns zeigt, dass die Nacht bewölkt war, und dass der Tag wahrscheinlich auch so sein wird. Aber spinne ich denn? Sowohl den Tau im Gras als auch die Wolken sehe ich auch ohne Spinne!

83 Der Klimawandel vertreibt die Regierungen aus ihren Sitzungssälen

Die nepalesische Regierung tagte in Begleitung von Ärzten im Himalaya auf 5262 Metern Seehöhe, um damit auf die Folgen des Klimawandels, im Speziellen auf die Gletscherschmelze, hinzuweisen. Mindestens ein Minister litt unter akuter Höhenkrankheit. Die Regierung der Malediven dagegen tauchte unter und tagte unter Wasser, um zu versinnbildlichen, dass der Inselstaat durch den steigenden Meeresspiegel bedroht ist. Die mongolische Regierung veranstaltete wiederum eine Marathonsitzung in der Wüste, um auf deren Ausbreitung hinzuweisen.

84 Jeder Europäer kann im täglichen Leben hunderte Kilo Kohlendioxid pro Jahr sparen

Jeder Mensch kann durch mehr oder weniger einfache Maßnahmen beim Klimaschutz mithelfen. Es ist aber allen Berechnungen zum Trotz klar, dass zum Beispiel der Umbau des Wohnhauses auch mit einigem Energieaufwand verbunden ist, der selten in statistische Angaben aufgenommen wird. Auch das Trocknen von Wäsche an der Luft statt im

Wäschetrockner bringt nicht immer eine Energieersparnis mit sich, etwa dann nicht, wenn man im Winter zusätzlich lüften muss, weil die Luftfeuchtigkeit im Zimmer unerträglich wird. Der Kauf von lokalem Gemüse scheint paradoxerweise auch oft nicht umweltfreundlicher zu sein als der Import. Österreichische Gärtner müssen etwa Paradeiser in beheizten Glashäusern pflanzen. Das macht den Kohlendioxidausstoß durch den Transport mehr als wett.

Hier aber dennoch einige Angaben, die allerdings als Richtwerte mit Vorsicht zu genießen sind:

- *Warmwasserhahn beim Zähneputzen abdrehen* .... 3 kg
- *Einen Baum pflanzen* .... 6 kg
- *Zähne nicht elektrisch putzen* .... 7 kg
- *Nur wirklich wichtige Dokumente ausdrucken* .... 7 kg
- *Nur so viel Teewasser kochen wie benötigt* .... 25 kg
- *Nur volle Waschmaschinen einschalten* .... 45 kg
- *10% der Jahresstrecke mit 90 statt 110 km/h fahren* .... 55 kg
- *Energiesparkühlschrank kaufen* .... 100 kg
- *1000 km im Jahr mit der Bahn statt mit dem Auto fahren* .. 100 kg
- *Reifendruck kontrollieren und optimieren* .... 140 kg
- *Kühlschrank an einen kühlen Ort verlegen* .... 150 kg
- *Wäsche an der Luft trocknen lassen* .... 200 kg
- *Wassersparenden Brausekopf einbauen* .... 230 kg
- *E-Herd gegen Gasherd austauschen* .... 250 kg
- *Temperatur im Haus um ein Grad drosseln* .... 300 kg
- *Klimaanlage täglich vier Stunden ausschalten* .... 300 kg
- *Regionale Produkte kaufen, die nicht transportiert werden müssen* .... 300 kg

- *Vorausschauend Auto fahren und früh schalten* .... 330 kg
- *Türen und Fenster besser abdichten* .... 400 kg
- *Wand hinter den Heizkörpern isolieren* .... 430 kg
- *Thermostat für Heizanlage einbauen* .... 430 kg
- *Solarzellen aufs Dach montieren* .... 500 kg
- *Wärmeschutzfenster einbauen* .... 500 kg
- *Eine Reise nach Mallorca streichen* .... 700 kg
- *Hauswände, Decken und Böden dämmen* .... 900 kg
- *Auf einen Ökostromtarif umsteigen* .... 1930 kg
- *Haus auf Niedrigenergiestandard umrüsten* .... 3600 kg
- *Eine Fernreise nach New York streichen* .... 4100 kg

85 Die Sonne scheint manchmal grellgrün

Relativ häufig kann man beobachten, dass knapp nach dem Sonnenuntergang vom letzten Sonnenlicht ein leicht grüner Schein über dem Horizont übrigbleibt. Das kommt durch die Brechung des Sonnenlichts zustande, das am Abend viele Atmosphärenschichten durchdringen muss. Man kann dieses Phänomen besonders am Meer, auf weiten Ebenen oder von Berggipfeln aus beobachten, in Gegenden also, in denen der Horizont möglichst tief liegt. Eine möglichst geringe Luftverschmutzung und eine große Sichtweite sind naturgemäß förderlich. In polarnahen Gebieten ist dieses blassgrüne Licht oft stunden-, wenn nicht tagelang zu sehen.

Abgesehen von diesem lang andauernden und eher unspektakulären Phänomen gibt es auch den sogenannten Grünen Blitz. Dieser ist nur Bruchteile von Sekunden, und am besten mit Fernrohr, ganz knapp vor dem vollständigen Sonnenuntergang wahrnehmbar. Er äußert sich als ein grellgrüner Strahl auf dem obersten Teil der durch die Brechung plattgedrückten Sonnenscheibe. Natürlich muss man bei der Beobachtung auf den Augenschutz achtgeben. Jules Verne hat diesem Phänomen einen Roman gewidmet, in dem er beschreibt, dass dieses Grün das schönste der Welt sei, und ein Sinnbild der Hoffnung darstelle.

86 Elfen und Kobolde gibt es wirklich

Während eines Gewitters können Blitze aus den Wolken bis in hundert Kilometer Höhe, also in die Ionosphäre hinauffahren. Sie werden auf Englisch »Sprites«, also »Geister«, auf Deutsch Kobolde genannt. Erst in den 1990er Jahren wurden erste Farbaufnahmen solcher Entladungen von Flugzeugen und Spaceshuttles aus gemacht, was mit ein Grund ist, warum den Erzählungen von Piloten, die solche Blitze gesehen hatten, bis dahin kein Ohr geschenkt worden war. Kobolde sind bis zu tausendmal intensiver als die meisten auf der Erdoberfläche wahrnehmbaren Blitze und erreichen eine Breite von bis zu fünfzig Kilometern. Von der Farberscheinung her sind sie rot und können entweder säulenförmig sein oder eher die Gestalt eines Atompilzes annehmen.

Elfen sind weniger gut dokumentiert, bei ihnen handelt es sich um kreisförmige Lichterscheinungen in der Ionosphäre, also ebenfalls in etwa hundert Kilometern Höhe, die durch Entladungen in tieferen Schichten ausgelöst werden. Ebenfalls wenig erforscht und erst seit den frühen 1990er

Jahren nachgewiesen sind die sogenannten »Blue Jets«. Das sind blaue kegelförmige Blitzgebilde, die direkt über den Gewitterwolken entstehen und eine Höhe von rund vierzig Kilometern erreichen.

Besonders Kobolde stellen eine Gefahr für die Raumfahrt dar, da sie besonders dann auftreten können, wenn in der Luft eine ionisierte, also aufgeladenene Bahn entstanden ist, die ihnen als Entladungskanal dient. Solche ionisierten Kanäle können bei Meteoriteneinschlägen, sowie eben auch bei Raketenstarts zustande kommen. Im Jahr 1987 etwa zerstörte ein Kobold eine unbemannte amerikanische Rakete.

87 Zu Berge stehende Haare kündigen Blitze an

Wer sich bei einer gewittrigen Wetterlage an einem gefährdeten Ort aufhält, dem können im wahrsten Sinne des Wortes die Haare zu Berge stehen. Dann ist Eile geboten, denn die Verselbständigung der Frisur weist darauf hin, dass es dort in Kürze blitzen wird. Denn Haare, vor allem besonders feine, reagieren auf diese Art auf die elektrostatische Aufladung der Luft bei Gewittern.

88 Es kann auch Enten regnen

Im Jahr 1973 gab es in der Stadt Stuttgart im US-Bundesstaat Arkansas Ente on the rocks, allerdings nicht am Mittagstisch, sofern die Enten nicht später zu diesem Zweck aufgesammelt wurden. Die Tiere plumpsten vielmehr tiefgefroren vom Himmel. Sie waren während des Fluges bei lebendigem Leib vereist und abgestürzt. Vermutlich waren sie von einem Aufwind erfasst, nach oben gesaugt und in einer Schauerwolke eingefroren worden. Auch Frösche hat es schon geregnet, und das nicht nur einmal. Zuletzt kam es dazu im Jahr 2007 in einem serbischen Dorf. Diese Tiere lebten allerdings noch und hüpften zu tausenden quakend durch die Straßen des Örtchens. 1918 regnete es in England Sand-Aale, 1973 in Algerien Schnecken und im selben Jahr in Frankreich Kröten. 1984 fielen in Südafrika Flundern vom Himmel.

Schon im alten Griechenland regnete es nicht nur Wasser. Im zweiten Jahrhundert nach Christus sollen drei volle Tage lang Fische vom Himmel gefallen sein. Das berichtet Athenaios Naukratios in seiner Sammlung von Tischgesprächen mit dem Titel »Deipnosophistai«. Die Fische sollen wochenlang für widerlichen Gestank und Chaos gesorgt haben.

Die Wissenschaft geht in all diesen Fällen davon aus, dass Wirbelstürme oder Wasserhosen die Tiere in den Himmel reißen und forttragen. Es konnte allerdings noch nicht erklärt werden, warum sich eine derart große Menge von Fröschen an einem Ort aufhalten sollte. Ebenso stellt sich die Frage, warum immer nur eine einzige Tierart abtransportiert wird. Logischerweise müssten sich in der aufgewirbelten Materie unterschiedliche Tierarten, sowie Pflanzen und Schlamm befinden. Denkbar wäre es, dass tatsächlich verschiedene Dinge nach oben gerissen werden und es von ihrer Masse abhängt, was wann herunter regnet. Wenn zum Beispiel Grünzeug vom Himmel fällt, bleibt es unbemerkt, und eine Kuh oder ein

Nilpferd stürzen früher ab als etwa ein Laubfrosch. Für diese Theorie würde sprechen, dass es bei uns in Österreich schon einmal Getreide geregnet hat. Am ersten Juli 1570 fielen in Mauerkirchen im westlichen Oberösterreich tausende Ähren vom Himmel. Ein aus diesem Getreide gebackener Brotlaib wurde noch bis 1590 im Stift Mattsee ausgestellt.

89 Ein Heiliger lässt Kirchtürme leuchten

Bei Gewittern kommt es oft vor, dass sich die Luft nicht nur innerhalb der Wolken auflädt, sondern auch in Bodennähe kleinräumige starke Spannungen auftreten. Auch diese möchten entladen werden. Das geschieht besonders an höher gelegenen, spitzen Gegenständen wie Schiffsmasten, Türmen oder Gipfelkreuzen in Form von kleinen, gleichsam lokalen Blitzen. Auch an der Frontscheibe von Flugzeugen sind sie oft zu sehen. Sie werden als Elmsfeuer bezeichnet. Bei Kreuzen muss es sehr beeindruckend sein, da dann oft sowohl die Spitze, als auch die Enden des Balkens erleuchtet werden. Das Elmsfeuer ist nach dem Märtyrer Erasmus von Antiochia benannt, der auch als der heilige Elmo bekannt ist und in der Spätantike lebte. Als Schutzheiliger ist er für das Feuer zuständig, das besonders von Schiffsbesatzungen sehr gefürchtet war.

Das Elmsfeuer wurde als ein Zeichen der Anwesenheit des Heiligen und folglich als gutes Omen gedeutet. In Wirklichkeit ist sein Auftreten wenig glückverheißend, weil es einen möglichen Blitzschlag ankündigt. Da man auf einem Schiff kaum die Beine in die Hände nehmen und rennen kann, bleibt der Besatzung freilich nur das Beten übrig.

90 Irrlichter leuchten bei jedem Wetter

Schaurig-schön werden in Märchen oft Leuchtphänomene beschrieben, die Wanderer oder naturliebende Prinzen in nächtlichen Mooren beobachten können. Oft heißt es dann, dass spukende Seelen oder Naturgeister die Menschen in die Irre führen und vom sicheren Weg abbringen wollen. Diese Irrlichter sind laut Aussagen von Augenzeugen einige Zentimeter hoch und leuchten einige Sekunden lang schwach bläulich oder grünlich.

Die Tatsache, dass Ort und Zeit des Auftretens solcher Leuchtpunkte offenbar nicht vorhersehbar sind, erschwert die Erforschung dieses Phänomens. Deshalb liegt noch keine eindeutige Erklärung dafür vor. Allerdings gibt es zwei konkrete Vermutungen. Obwohl sie nicht meteorologischer Natur sind, seien sie hier erwähnt. Entweder handelt es sich um Faulgase wie Methan, die sich plötzlich entzünden. Oder aber die Irrlichter sind leuchtende Bakterien und Pilze, die in den feuchten Mooren faulendes Holz anknuspern. Ihr Leuchtmechanismus funktioniert wie derjenige der Glühwürmchen. Da das Licht, das solche Mikroorganismen abgeben, sehr schwach ist und nur bei absoluter Dunkelheit gut zu erkennen ist, kann leicht die Illusion entstehen, dass es nur kurz aufgeflackert hat.

91 Niemand weiß genau, warum es Schusterbuben regnet

Wenn es etwa in Oberösterreich schüttet, dann regnet es umgangssprachlich Schusterbuben. Für die Herkunft dieser Redewendung gibt es zwei Erklärungsversuche. Einer lautet, dass der Beruf des Schusters bei jungen Männern des 19. Jahrhunderts sehr beliebt war und die Zahl der Schusterlehrlinge stark stieg. Die Schusterbuben könnten damals zum Synonym für alles geworden sein, das in großer Menge auftrat.

Der zweite Erklärungsversuch geht davon aus, dass das Sprichwort auf die lästigen Maikäfer- oder Kartoffelkäferplagen bezugnimmt. Die Käfer wurden von Kindern oft als Schusterbuben bezeichnet. Zunächst sagte man, es regne Schusterbuben, wenn sich die Käfer übervermehrt hatten. Als das dann nicht mehr im ursprünglichen Zusammenhang verstanden werden konnte, ging man dazu über, die Worte auf tatsächlichen Wasserregen zu beziehen.

Nicht ganz geklärt ist auch die die englische Wendung »It's raining cats and dogs«, also »Es regnet Katzen und Hunde«. Sie stammt vielleicht vom Griechischen »kata doxas«, was so viel wie »jenseits jeder Vorstellung« heißt. Wahrscheinlich ist es aber eher eine Umwandlung der Wendung »It's raining in cataracts«, also »Es regnet in Katarrhakten«. Da das ursprünglich griechische Wort Katarrhakt für Wasserfall nicht mehr ganz so gebräuchlich ist, ist es naheliegend, dass es zu etwas leichter Verständlichem umgewandelt wurde. Ähnlich verhält es sich nebenbei gesagt auch mit dem Zauberspruch

Hokuspokus. Dieser stammt aus der lateinischen Formel, die beim Abendmahl im Gottesdienst aus der Bibel zitiert wird und »Hoc est enim corpus meum« lautet, also »Dies ist mein Leib«. Die Leute und vor allem die Kinder konnten aber kein Latein und formten die Worte nach Gehör um.

92 Schmelzende Gletscher beschleunigen die Erderwärmung zusätzlich

Gletscher schmelzen durch die Erderwärmung und beschleunigen diese dabei weiter. Eis spiegelt Sonnenlicht zu fast neunzig Prozent zurück ins All und verhindert, dass es seine Wärme in der Biosphäre entfaltet. Fehlt die Eisschicht, fällt auch dieser Effekt weg und die Erderwärmung beschleunigt sich damit.

93 Das Polarlicht scheint auch in Österreich

Das Polarlicht entsteht, wenn Teilchen des Sonnenwindes in die Erdatmosphäre eindringen, dort mit den vorhandenen Molekülen zusammenprallen und ihnen so Energie zuführen. Dies ist besonders dann der Fall, wenn die Feldlinien des sich ständig ändernden Magnetfelds der Sonne gleichsam lange Schläuche ins All bilden, durch die dann verschiedenes Material, vor allem einzelne Elektronen, Protonen, aber auch ganze Atome, vor allem Heliumteilchen, austreten können. Solche Eruptionen sind als Sonnenflecken sichtbar.

Wie der Name Polarlicht bereits andeutet, tritt es vor allem an den Polen auf. Das ist leicht erklärlich, denn das Magnetfeld der Erde funktioniert als Schutzschild und lenkt den Sonnenwind in die Polgegenden ab. Nur bei besonderer Sonnenwindaktivität ist diese Leuchterscheinung auch bei uns in Österreich zu beobachten. Besonders gut war das etwa im Jahr 2003 möglich. Es gab natürlich zahlreiche UFO-Meldungen.

Das Polarlicht kann verschiedene Farben haben. Dafür ist besonders die Tatsache verantwortlich, dass unterschiedliche Atome andere Lichtwellenlängen abgeben, nachdem sie durch den Sonnenwind angeregt wurden. Hinzu kommt, dass das Licht daraufhin von der Atmosphäre gefiltert wird. So sorgt Sauerstoff in großen Höhen für rotes, in niedrigen für grünes Licht. Stickstoff leuchtet eher bläulich. In unseren Breiten tritt meistens rotes Polarlicht auf, da bei uns der Sonnenwind nurgeringe Intensität erreichen kann.

94 Ich hatte schon oft einen Heiligenschein

Eigentlich war es nicht ich selbst, der wie ein Heiliger aussah, sondern leider nur mein Schatten. Ich stand früh am Morgen auf einer Wiese. Mein Schatten war sehr lang und um den Kopf meines Schattens schien das Gras zu leuchten.

Dem Vatikan meldete ich dieses Wunder aber nicht, denn ich wusste ja, wie es zustande gekommen war. Auf den Grashalmen waren Tautropfen, die das Sonnenlicht wie kleine Lupen konzentrierten. Weiters wurde das Licht von den

Grashalmen wieder in die Tautropfen reflektiert. Da sich nun meine Augen in meinem Kopf und nicht etwa in meiner großen Zehe befinden, lag das Ende der Verbindungslinie von Sonne und meinen Augen genau im Schatten meines Kopfes. Deswegen erschien mir auch das Gras um meinen Kopf am hellsten beleuchtet. Ähnliches kann auch vom Flugzeug aus in den Wolken beobachtet werden.

95 In London fällt nicht mehr Regen als in Wien

London hat in Sachen Regen den schlechtesten Ruf aller europäischen Hauptstädte. Beim flüchtigen Betrachten der Niederschlagsstatistik kommen allerdings Zweifel auf, ob dieser schlechte Ruf berechtigt ist. Während in London in den letzten Jahrzehnten im Mittel 611 Millimeter Wasser jährlich zu Boden gingen, waren es in Wien auf der Hohen Warte 607 Millimeter. Der Hund liegt natürlich im Detail. So gibt es in Wien die meisten Niederschläge im Sommer in Form von kurz andauernden, aber regenintensiven Gewittern. Das hat zur Folge, dass es in Wien tatsächlich weniger Niederschlagstage als in London gibt, nämlich in jedem Monat etwa acht. In London sind es im Winter um die 14 Regentage pro Monat, im Sommer etwa zwischen elf und zwölf. Außerdem sind die Winter in Wien niederschlagsarm, und es fällt auch eher Schnee als Regen. In London sind es dagegen gerade die Winter, die für Wasser in den Straßen sorgen. Das Gerücht jedenfalls, dass in London besonders oft Nebel herrsche, ist falsch. Je nach Erhebungsmethode gab es in den letzten Jahrzehnten gerade einmal 33 Nebeltage in der Hauptstadt des Empire. Im österreichischen Graz sind es 140 Nebeltage gewesen. Die steirische Landeshauptstadt liegt in einer Senke, in der sich die Luft lange unbewegt halten kann. Der berüchtigte Londoner Nebel dagegen war bis weit in die zweite Hälfte des zwanzigsten Jahrhunderts vor allem Smog.

96 Die Sonne vervielfacht sich manchmal

Wenn die Eiskristalle in der Atmosphäre besonders langsam und gleichmäßig wachsen, bilden sie sechseckige Prismen. Diese sind in der Lage, das Sonnenlicht derart zu brechen, dass sich um die Sonne ein heller Kreis bildet. Dabei kann die Sonne auch gespiegelt werden und erscheint dann doppelt oder gar dreifach. Das Licht wird dabei oft wie bei einem Regenbogen in seine Spektralfarben zerlegt. Man nennt dieses Phänomen Halo. Das Wort stammt aus dem Griechischen und bedeutete ursprünglich Dreschplatz oder runde Niederung, da durch das Dreschen der Lehmboden in der Scheune über lange Zeit so beansprucht wurde, dass sich eben eine kreisförmige Vertiefung bildete. Halos sind auch bei Nebel an Autoscheinwerfern zu beobachten. Auch um den Mond können sie entstehen, bleiben dann aber weiß, da unser Auge bei schwachem Licht nicht so leicht Farben unterscheiden kann.

97 Richtige Bauernregeln lassen sich sehr einfach von falschen unterscheiden

Bauernregeln sind der Beweis dafür, dass sich Menschen schon sehr lange und intensiv mit dem Wetter auseinandersetzen. Einige sind Missverständnisse oder Unfug und von der meteorologischen Forschung längst überholt, andere treffen sehr wohl zu. Die zuverlässigen lassen sich von den schlechten recht einfach unterscheiden. Zuverlässig sind jene, die von der sogenannten Erhaltungsneigung des Wetters ausgehen. Sagt eine Bauernregel, ausgehend von einem bestimmten Tag, die Wetterentwicklung der folgenden Tage oder Wochen voraus, wird sie häufig funktionieren. Denn Hochdruckgebiete wie das Azorenhoch oder auch die typische nasskalte Nordwest-Strömung halten sich nun einmal für einige Zeit. Ein Beispiel: »Wenn der Winter vor Allerheiligen (am 1. November) nicht kommt, kommt er nicht vor Martini (am 11. November).« Das ergibt Sinn. Denn Anfang November können sich Hochdruckgebiete für längere Zeit über Europa halten und für Sonnenschein sorgen.

Will uns eine Regel allerdings im Winter den Frühling oder im Sommer den Winter voraussagen, ist sie nicht ernstzunehmen. So etwa diese: »Wie es war im Januar, bleibt es auch das ganze Jahr«. Sollten solche Vorhersagen eintreffen, wäre es reiner Zufall.

Ein Problem gibt es aber auch bei den guten Regeln. Die Datumsangaben stimmen durch die Einführung des gregorianischen Kalenders am Ende des 16. Jahrhunderts nicht mehr.

Regeln, die vor der Kalenderreform aufgestellt wurden, verschieben sich also jedes Jahr um einige Tage. Sammlungen von Wetterregeln wurden bereits im Mittelalter herausgegeben und waren sehr populär. Bei manchen sehr vollständigen Sammlungen liegt aber der Verdacht nahe, dass Regeln gedichtet wurden, um auch jedem Heiligen einen Spruch zuzuerkennen.

98 Buchen bieten keinen besseren Schutz vor Blitzen als Eichen

Wer in freier Natur von einem Gewitter überrascht wird, erinnert sich leicht an einen alten Spruch, der wegen seines bezwingenden Reimes besonders einprägsam ist: »Vor den Eichen sollst du weichen, doch die Buchen sollst du suchen«. Auf der Suche nach Deckung vor Blitzen ist das aber ein falscher Ratschlag. Schon der Hausverstand rät, dass bei Gewitter alle Bäume zu meiden sind, da sie durch ihre Höhe Einschläge anziehen.

Vielleicht stand aber in dem Spruch das Wort »Eichen« ursprünglich als Synonym für Bäume überhaupt. Und das Wort »Buchen« könnte ein ursprüngliches »Büsche« ersetzt haben, um den Reim zu vervollständigen. Das wäre sicherheitstechnisch sinnvoller, dafür aber unpoetisch.

Ein anderer Erklärungsversuch für den zweifelhaften Rat aus dem Volksmund bezieht sich auf die Häufung der Bäume. Buchen kommen meist nur in Wäldern oder Hainen vor, während die stärkeren Eichen oft mitten in den Feldern als einsame Bäume in den Himmel ragen. Auch die verschiedenartige Beschaffenheit der Rinde könnte als Begründung dienen. Denn die Rinde der Buche ist glatt und meist durchgängig feucht. Somit kann sie einen Blitz gut an der Außenseite des Stammes in den Boden leiten. Besser jedenfalls, als dies einer Eiche mit ihrer tief zerfurchten eher trockenen Rinde gelänge. Außerdem haben Eichen tiefere Wurzeln als Buchen, was für ihre stärkere Anfälligkeit auf Blitzschlag sprechen mag. Das heißt aber noch lange nicht, dass man Buchen als Schutz aufsuchen sollte.

99 Kugelblitze gibt es möglicherweise nur im Labor

Was ein Kugelblitz ist, weiß niemand. Es gibt zwar zahlreiche Augenzeugenberichte, diese widersprechen einander aber. Die meisten stimmen darin überein, dass es sich um ein kugel- oder eiförmiges Leuchtgebilde handelt, das in Bodennähe herumwandert und unabhängig vom Wind seine Bewegungsrichtung ändert. Ein Foto, das einen solchen Blitz nachweisen würde, gibt es allerdings nicht.

Die Wissenschaft hat extrem viele unterschiedliche Verfahren entwickelt, Gebilde im Labor herzustellen, die auf die gängige Beschreibung zutreffen. Die Ansätze reichen von durch Blitzeinschlag aus der Erde in die Luft geschleudertem Silizium, das mit dem Luftsauerstoff reagiert, bis zur Bildung von Gebilden aus in sich geschlossenen elektromagnetischen Feldlinien. Freilich könnten Kugelblitze in Wirklichkeit auch von Blitzen entzündete Vögel oder kleine Säugetiere sein. Eine andere Möglichkeit wäre, dass es sich eigentlich nur um optische Täuschungen handelt, die nach einer plötzlichen und starken Blendung auftreten. Wer von uns hat nicht schon bunte Flecken gesehen, nachdem er in die Sonne geschaut hat?

Einige österreichische Forscher vertreten darüber hinaus die Theorie, dass die starke Entladung eines Blitzes zu einem Fehlverhalten des Gehirns führen kann, wodurch es uns alles Mögliche sehen und hören lässt, unter anderem eben auch wandernde und hüpfende Kugeln.

100 Im Westen Wiens regnet es um vierzig Prozent mehr als im Osten

Wien liegt an der Grenze des ozeanisch geprägten warmgemäßigten und des kontinental geprägten pannonischen Klimas. Deshalb fallen auch in den westlichen Bezirken im Jahresmittel über 700 Millimeter Niederschlag in die Gassen und auf die Regenschirme der geplagten Bevölkerung, während es in der östlichen Donaustadt nur knapp mehr als 500 Millimeter sind. Wer also ungern zum Regenschutz greift, weiß, in welche Gegend er übersiedeln sollte.

101 Der Mond hat keinen Einfluss auf das Wetter

Der Mond ist, wie jeder weiß, für Flut und Ebbe verantwortlich, und zwar zu zwei Dritteln. Den Rest erledigt die Sonne. Aber einen Einfluss auf das Wettergeschehen hat er nicht. Die Luft der Atmosphäre ist einfach zu massearm, um von der Gezeitenkraft des Mondes bewegt werden zu können, und die Wärme, die von unserem Trabanten ausgeht, ist vernachlässigbar. Immerhin kann man davon ausgehen, dass es in manchen Küstengegenden zu kleinen Veränderungen der Luftströmungen kommen kann. Dazu kann es an Orten kommen, wo große Flächen bei Ebbe trocken, bei Flut aber mit Wasser bedeckt sind, wie es etwa um die bekannte Inselstadt Mont-Saint-Michel der Fall ist. Wasser hat eben andere Eigenschaften als Sand, was etwa das Speichern von Wärme anbelangt.

Es gibt außerdem auch keine einzige Studie, die belegen würde, dass Vollmond die menschliche Psyche beeinflusst, mehr Unfälle verursacht, Geburten einleitet oder die Selbstmordrate erhöht, wie viele Astrologen nicht müde werden zu behaupten. Sehr wohl hingegen existieren Studien, die diese Behauptungen widerlegen. Was bleibt, ist die Tatsache, dass Vollmondnächte sehr romantisch sind und dass sich die Natur in manchen Bereichen an ihm orientiert. So etwa navigieren manche Zugvögel und einige Arten nachtaktiver Insekten mit Hilfe des Mondstandes.

102 Die Frühjahrsmüdigkeit ist hormonell bedingt

Im Frühjahr kommt es zu einem beachtlichen Umschwung in der Hormonproduktion unseres Körpers. Das ermüdende Melatonin wird durch das intensivere Tageslicht verdrängt, und es kommt zur Ausschüttung von verschiedenen Glücklichmachern wie Serotonin und Dopamin. Die hängt dann oft nur indirekt mit dem Wetter zusammen. Wir sehen blühende Bäume, die ersten Insekten summen, leicht bekleidete Menschen gehen durch die Straßen spazieren. Das sind lauter Dinge, die für Auge und Hirn erfreulich sind. Wir fühlen uns, als wären wir nach einem kleinen Winterschlaf aufgewacht. Gerade das kann aber zu einem Gefühl der Verschlafenheit, Müdigkeit und Angeschlagenheit führen. Insbesondere depressive Menschen vertragen diese plötzlichen Veränderungen ihrer Umgebung und ihres Hormonhaushalts schwer.

Die gemeine Frühjahrsmüdigkeit ist aber eher eine Art Faulheit. Liegt man den ganzen Vormittag auf dem Sofa und schaut fern, gelingt auch kein guter Start in den Tag, und man fühlt sich müde, obwohl man lang genug geschlafen hat. Wer also nicht an einer tatsächlichen Depression leidet, die ärztlicher Hilfe bedarf, soll im Frühling die weiche Decke im Bett lassen, hinausgehen und sich des Lebens freuen, bevor der nächste Winter wieder da ist. Der Frühjahrsputz, das finde zumindest ich, kann warten. Man sollte sich ja auch nicht gleich mit Aktivität überfordern.

103 Früher war das Wetter auch nicht besser

Ist der Frühling kühl, der Sommer verregnet, der Herbst nebelig und der Winter eisig, seufzen viele Menschen gerne, dass das Wetter früher besser gewesen sei.

Das stimmt nicht. Das menschliche Gehirn ist so programmiert, dass es sich hauptsächlich an schöne Dinge erinnert und diese zusätzlich verklärt. Das betrifft unter anderem Geburten, verflossene Beziehungen – und eben auch das Wetter. Dazu kommt, dass die Bewertung des Wetters jeweils sehr individuell ist. Was der eine als elend kalt empfindet, ist für den anderen erst ein richtiger Winter.

104 Erst unsere Kinder erleben die nächste Sonnenfinsternis

Die nächste totale Sonnenfinsternis über Österreich werden erst unsere Kinder erleben. Sie wird am dritten September 2081 sieben Minuten nach neun Uhr stattfinden. Die jüngste Sonnenfinsternis nach 157 Jahren Pause war in Österreich am 11. August 1999 zu sehen.

Älteren Semestern stehen aus heutiger Sicht folgende Alternativen zur Verfügung: Entweder sie begnügen sich mit der nächsten partiellen Sonnenfinsternis am 4. Jänner 2011 oder sie entscheiden sich für die Beobachtung einer Mondfinsternis. Am 28. September 2015 wird der Mond das nächste Mal zur Gänze aus unserem irdischen Blickwinkel verschwinden, am 15. Juni 2011 wird der Mond bereits verfinstert aufgehen.

Wer mehr sehen will, muss reisen. Am 20. März 2015 ist die nächste totale Sonnenfinsternis auf den Faröer-Inseln zu beobachten. Vielleicht muss zu dem Termin die österreichische Fußballmannschaft dort sein. Am 12. August 2026 verfinstert der Mond die Sonne über dem Norden Spaniens und am 2. August 2027 über dem Süden Spaniens und in Nordafrika.

105 Sonnenbrillen machen unglücklich

Aufenthalte unter der Sonne stoppen die Bildung des Hormons Melatonin, das die Stimmung drückt. Das funktioniert aber nur ohne Sonnenbrille, denn die Strahlung der Sonne kann nur dann Einfluss nehmen, wenn sie direkt auf die Netzhaut des Auges trifft, wo das Melatonin besonders bei Nacht im Schlaf produziert wird. Den ganzen lieben Tag in die grelle Sonne zu blicken, ist natürlich dennoch kaum empfehlenswert. Gerade in den Wintermonaten, wenn es wenig Sonnenstunden gibt, sind Spaziergänge im Tageslicht und ohne Sonnenbrille aber unbedingt angebracht.

106 Gute Fernsicht sagt gutes und schlechtes Wetter voraus

Wie es bei uns in Mitteleuropa Bauernregeln gibt, so herrschen im Englischen wegen der Seemacht Großbritannien eher Seemannssprüchen vor, die das Wetter der nächsten Tage voraussagen sollen. Genau wie unsere Regeln treffen auch diese Sprüche nur auf bestimmte Gegenden zu und sind natürlich mit Vorsicht zu genießen. Sinnfrei sind sie aber jedenfalls nicht.

So gibt es zum Beispiel Reime, die sich auf die Röte des Himmels beziehen. »A red sky at night is a sailor's delight. A red sky in the morning is a sailorman's warning.« Das bedeutet, dass der rote Himmel am Abend gutes, am Morgen hingegen schlechtes Wetter prophezeit. Für unsere Breiten, in denen Hoch- und Tiefdruckgebiete meistens von Osten nach Westen wandern, hat dieser Spruch durchaus eine Berechtigung. Da besonders einer Kaltfront meist feines Gewölk in hohen Atmosphärenschichten sowohl vorausgeht als auch folgt, heißt das, dass die untergehende Sonne diese hohen Gewölksschichten von Fronten beleuchtet, die bereits nach Osten abgewandert sind. Die aufgehende Sonne hingegen verfärbt die feinen Wölkchen der Fronten, die von Westen aus auf uns zukommen.

Ein ähnlicher Spruch lautet also: »The evening red and the morning grey are sure signs for a lovely day. But the evening grey and the morning red make the sailor shake his head.« Der graue Himmel spricht für eine hohe Luftfeuchtigkeit auf der jeweiligen Seite der Sonne. Ist der Morgen also grau, so befindet sich das Regengebiet bereits im Osten. Wenn aber der Abend grau ist, kommt der Regen vom Westen her auf uns zu. Gute Fernsicht ist wiederum oft von einem Gebiet kalter Luft bedingt, das einer Warmfront vorausgeht. Deswegen mag am Meer der folgende Spruch seine Berechtigung haben: »The farer the sight, the nearer the rain.« In Österreich können wir uns auf diesen Spruch weniger verlassen, da bei uns die beste Fernsicht der Föhn besorgt, der als warmer und trockener Wind alles andere als Regen mit sich bringt. Abgesehen von seiner Trockenheit verstärkt der Föhn die Fernsicht in Richtung der Berge dadurch, dass die höher gelegene Luft aufgrund ihrer niedrigeren Dichte auch eine niedrigere Brechzahl aufweist und das Licht also abgelenkt wird. So haben wir das Gefühl, die Gipfel leicht verzerrt und wie durch eine Lupe zu sehen.

107 Am 27. Juni entscheidet sich meist das Schicksal des Sommers

Das Wetter am Siebenschläfertag sieben Wochen bleiben mag. Ist der Siebenschläfer nass, regnets ohne Unterlass. Scheint dem Siebenschläfer Sonne, sieben Wochen Wonne.

Diese Bauernregeln stimmen sehr oft. Am 27. Juni, dem Siebenschläfertag, entscheidet sich tatsächlich das Schicksal des Sommers, da sich Ende Juni, Anfang Juli über Mitteleuropa meistens die Strömungen in den hohen Atmosphärenschichten stabilisiert haben. Zieht zu dieser Zeit also ein Hoch von den Azoren über unser Land, bleibt uns dieses mit größter Wahrscheinlichkeit einige Wochen lang erhalten. Genauso verhält es sich mit einem Tief. Regnet es in dieser Phase, wird es ziemlich lange regnen.

Der Siebenschläfertag hat seinen Namen aufgrund einer Sage erhalten. Ihr zufolge mussten sich in der Zeit der Christenverfolgung unter Kaiser Decius im dritten Jahrhundert sieben junge Christen in einer Höhle bei Ephesus verstecken. Sie wurden entdeckt und lebendig eingemauert. Der Legende nach starben sie nicht, sondern schliefen fast 195 Jahre lang. Als sie zufällig gefunden wurden, erwachten sie, bezeugten ihren Glauben an die Auferstehung und starben dann.

108 Regentropfen sind nicht tropfenförmig

Dass ein Tropfen die typische, aus der Kunst bekannte Tropfenform aufweist, also unten kugelförmig, oben spitz zulaufend ist, passiert nur dann, wenn sich der Tropfen von einem festen Gegenstand wie dem Wasserhahn gerade loslöst.

Regentropfen sind bis zu einer Größe von einem halben Millimeter im Durchmesser kugelförmig. Mit zunehmender Größe beginnen sie sich immer stärker zu verformen. Sie flachen durch den Luftwiderstand ab und werden unten rund, oben eher eingedellt. Sie sehen dann aus wie kleine Schalen. Solche Durchschnittstropfen haben Größen von zwei bis drei Millimetern Durchmesser. Tropfen ab sechs Millimetern werden auch an ihrer Unterseite eingedellt, werden instabil und zerplatzen durch den Luftwiderstand zu kleineren Gebilden. Der Maximaldurchmesser eines Regentropfens liegt bei etwa neun Millimetern.

109 Die Hundstage leiten sich vom Hundsstern ab

Mit den Hundstagen, der Zeit vom 23. Juli bis zum 23. August, waren ursprünglich nicht die heißesten Tage des Sommers gemeint. Verantwortlich für die Namensgebung ist das Sternbild des Großen Hundes, dessen größter und hellster Stern, der Sirius, gleichzeitig der hellste Stern des gesamten Himmelszelts ist. Die Beobachtung des Sirius geht bis auf die Ägypter im dritten Jahrtausend vor Christus zurück.

Entlang des Nils galt das Auftauchen des Sirius, der mit der Himmelsgöttin Sopdet identifiziert wurde, als Vorzeichen für die nahende alljährliche Sommerüberschwemmung, die den Feldern entlang des Flusses Schlamm und somit Fruchtbarkeit brachte. Dieses Hochwasser dauerte etwa dreißig Tage, also genau so lang, wie der Große Hund zum vollständigen Erwachen braucht.

Die Römer sahen die Wiederkehr des Sirius bereits deutlich später, nämlich erst in den letzten Julitagen. Aus dieser Zeit stammt die heutige Festlegung der Hundstage auf die genannte Zeit vom 23. Juli bis zum 23. August. Bis heute geben die Hundstage diesem Zeitraum ihren Namen. Dabei ist zu beachten, dass hier von der Sichtbarkeit des Sternbilds knapp vor Sonnenaufgang die Rede ist und nicht etwa nach Sonnenuntergang. Der antike Mensch war offenbar ein Frühaufsteher und befasste sich mit dem Himmel eher vor dem Frühstück als nach dem Abendessen.

Heutzutage erscheint der Sirius erst Ende August am Morgenhimmel. Streng genommen müssten also heutzutage unsere Hundstage den Herbst einleiten.

110 In Sibirien kann es ziemlich heiß sein

Sibirien ist ein weltweites Synonym für Kälte. Die Winter werden bis zu minus 70 Grad kalt und der Kältepol der bewohnten Welt liegt im ostsibirischen Oimjakon. Dort wurden im Jahr 1916 eisige minus 83,2 Grad gemessen, auch wenn diese Angabe nicht offiziell anerkannt ist. Frühling und Herbst präsentieren sich für mitteleuropäische Verhältnisse im

Schnelldurchlauf, und neun Monate lang liegt das Land unter einer Decke aus Schnee und Eis.

Dieselbe ausgeprägt kontinentale Witterung, die den Winter in Sibirien so kalt sein lässt, macht aber den Sommer dort sehr heiß. Sibirien hat auch seine Badetage, und in manchen Jahren sogar eine ganze Menge davon. So können in Oimjakon Temperaturen von über 30 Grad herrschen. Die Temperaturdifferenz zwischen Sommer und Winter erreicht also locker 100 Grad. Richtig gemütlich wird es dort in den Sommerferien trotzdem nicht. In der Staunässe des Tau- und Regenwassers, das nicht richtig versickern kann, gedeihen extrem viele Gelsen. Im Sommer sind die meisten Orte von der Außenwelt abgeschnitten, da es keine asphaltierten Straßen gibt, und die Autos im Winter über plattgedrücktes Eis dahindüsen.

111 Die Antarktis wächst

Logisch wäre die Annahme, dass die Antarktis aufgrund der Klimaerwärmung schrumpfen müsste. Doch die Antarktis wächst, und zwar gerade weil es wärmer wird. In der Antarktis ist es normalerweise so kalt, dass die Luft kaum Wasser aufnehmen kann. Es ist also auch zu kalt für Schneefall. Erst wenn es so wie jetzt wärmer wird, kann es schneien. Diese Entwicklung hat aber natürliche Grenzen. Wird es noch wärmer, taut das Eis tatsächlich auf, und die Antarktis schrumpft wieder.

112 Den Salzburger Schnürlregen gibt es nicht

Der Schnürlregen ist ein angeblich nur in der Stadt Salzburg auftretendes Wetterphänomen. Dieser vermeintlich spezielle Regen wird vorwiegend von Touristen beschrieben, die in den Sommermonaten von ihm überrascht worden sein wollen. Sie beschreiben ihn dann als Schauer, der aufgrund von ganz besonderen Windverhältnissen in schrägen Schnüren vom Himmel fällt und die schöne Stadt sauber wäscht. Auf diese Art Schauer folgt angeblich immer strahlender Sonnenschein. In vielen Fremdenführern ist ihm ein eigenes Kapitel gewidmet. Ursprünglich war mit dem Wort wohl ein sehr lang andauernder Regen gemeint. In der Meteorologie wird dieser Begriff jedenfalls nicht gebraucht. Stattdessen unterscheiden wir zwischen Steigungs-, Konvektions- und Frontregen.

Der Steigungs- oder Stauregen entsteht, wenn Wind an Gebirgszügen feuchte Luft aufsteigen lässt. Sie kühlt mit zunehmender Höhe ab, der Wasserdampf kondensiert und es kommt zu teils lang anhaltenden Niederschlägen. Auf der anderen Seite des Gebirgskamms herrscht dann Föhn.

Konvektionsregen kommt zustande, wenn bei warmer Witterung große Wassermengen vom Boden und von Wasserflächen verdunsten. Die bodennahen, feuchten Luftmassen werden von Luftströmungen nach oben transportiert, wo sie Wolken bilden. Die Folge sind Gewitter und starke Regenfälle. Diese Art von Regen ist besonders für die Tropen typisch.

Für Frontregen sorgen, wie der Name schon sagt, Warm- oder Kaltfronten. Bei einer Warmfront gleitet die leichtere

Warmluft auf die schwere Kaltluft, bei einer Kaltfront schiebt sich die Kaltluft unter die Warmluft. Beim Aufsteigen kühlt sich die warme Luft ab. Dadurch kondensiert der Wasserdampf. Es bilden sich Wolken und es beginnt zu regnen.

Das waren die wichtigsten drei Regenarten. Zur näheren Unterscheidung sind natürlich weitere Begriffe vonnöten.

Von Dauerregen sprechen wir, wenn es mindestens sechs Stunden lang mindestens 0,5 Millimeter pro Stunde regnet. In Mitteleuropa sind für dieses mühsame Wetterphänomen meist Warmfronten verantwortlich.

Starkregen ist in unseren Breiten ein Niederschlag, bei dem in fünf Minuten fünf Millimeter oder in einer Stunde 17 Millimeter Wasser aus den Wolken fallen. Er kommt meistens durch Gewitter zustande.

Mit Platzregen ist ein Niederschlag gemeint, der auf einen kleinen Raum begrenzt bleibt. Wärmegewitter können ein Grund dafür sein.

Niesel- oder Sprühregen kann Stunden bis Tage dauern und zeichnet sich durch winzig kleine Tröpfchen von 0,05 bis 0,25 Millimetern im Durchmesser aus.

113 Jeder Autofahrer hat schon eine Fata Morgana gesehen

Nicht nur in der Wüste, auch auf Österreichs Straßen tauchen an heißen Tagen Fata Morganas auf. Es handelt sich um Luftspiegelungen, die bei uns vor allem über dunklem Asphalt zu sehen sind. Dieser heizt sich in der Sonne auf und mit ihm die Luft knapp darüber. Wenn es windstill ist, sodass die kalte weiter oben gelegene und die heiße direkt am Boden liegende Luft sich nicht miteinander vermischen, spiegeln sich Himmel, Bäume und Autos scheinbar auf der Straße wider. Die Straße sieht dann aus, als wäre sie nass.

Dies kommt durch die Ablenkung des Lichtes an den unterschiedlich warmen Luftschichten zustande, die folglich eine unterschiedliche Dichte und Brechzahl aufweisen. Auch Mehrfachspiegelungen sind möglich. Sie stellen die reflektierten Objekte in unterschiedlichen Positionen dar. So kann es passieren, dass etwa in der Wüste eine Stadt gesichtet wird, die sich in Wahrheit weit hinter dem Horizont befindet. Das ist keine Halluzination, wie oft fälschlich angenommen wird, sondern eben das beschriebene physikalische Phänomen.

Die Bezeichnung Fata Morgana leitet sich von der Fee Morgana ab, die gemäß der Artuslegende auf einer unerreichbaren Insel im See Avalon wohnte. In Italien wurde gelegentlich in der Straße von Messina zwischen dem italienischen Festland und Sizilien eine durch Luftspiegelungen entstandene zusätzliche Insel gesehen. Deshalb verwenden wir auch im Deutschen in diesem Zusammenhang das italienische Wort für »Fee«, nämlich »Fata«.

114 Kalte Winter schützen nicht vor Gelsenplagen

Als Trost für lange kalte Winter hoffen viele auf einen gelsenfreien Frühling und einen ebensolchen Sommer. Aber vergeblich. Milde Winter sind ihrer Vermehrung weitaus abträglicher. Denn dann werden die Eier und Larven der meisten

Insekten und Spinnentiere in den warmen Seen und Tümpeln von ihren natürlichen Feinden gefressen. Außerdem können sich Pilze, die solche Tiere befallen, besonders gut entwickeln und die Population der Plagegeister erheblich dezimieren. Ebenso kann den Gelsen ein plötzlicher Kälteeinbruch im Mai den Garaus machen.

115 In der Antarktis gibt es Oasen

Oasen gibt es nicht nur in Sandwüsten, sondern auch in der Antarktis. Es handelt sich dabei um Trockentäler inmitten des ewigen Eises. Sie entstehen, wenn sich Fallwinde durch ihre Abwärtsbewegung an Gebirgshängen erwärmen, wodurch ihre Fähigkeit steigt, Feuchtigkeit aufzunehmen. So saugen sie alle Feuchtigkeit aus den Tälern, in denen sie ankommen, und was sie nicht aufsaugen, fegen sie fort.

Diese Oasen sind aber alles andere als gemütliche Labstellen. Vielmehr gehören die klimatischen Bedingungen dort zu den extremsten der Erde. Von Plusgraden kann man nur träumen. Das ganze Jahr über nagen orkanartige Winde an den Felsen und mumifizieren mit ihrer Trockenheit die Kadaver von Tieren, die sich dorthin verirrt haben. Mit ihren auch noch extrem salzhaltigen Böden sind die Trockentäler sogar lebensfeindlicher als die Sahara oder die Atacamawüste in Chile, die als eine der trockensten der Welt gilt.

Die NASA hat die Oasen der Antarktis für Versuche entdeckt, weil ihre Beschaffenheit der Oberfläche des Mars ähnelt. Doch auch unter diesen grausamen Bedingungen existiert Leben, wenn auch nicht an der Luft, sondern in kleinen

Pfützen, die durch ihren extremen Salzgehalt nicht gefrieren können. Außerdem wurden unter einigen dieser Trockentäler tiefgefrorene unterirdische Seen gefunden, in denen verschiedene einzigartige Mikroorganismen ihr Dasein fristen.

116 Kastanien gelangten wegen ihrer flachen Wurzeln in die Biergärten

Kastanien wurden im 16. Jahrhundert wegen ihrer schönen Blüten von Istanbul aus nach Europa eingeführt. Schnell sind sie zum typischen Schattenspender in Biergärten geworden. Das liegt nicht nur an der Dichte ihres Blätterdaches, das Gäste auch vor einem leichten Nieselregen schützen kann, denn dafür war bereits seit der Antike eher die Platane besonders bekannt und beliebt.

Ab dem Ende des Mittelalters war es in Bayern wegen der Brandgefahr verboten, im Sommer Bier zu brauen. Somit musste es auf Vorrat hergestellt und kühlgehalten werden. Weil es noch keine Kühlschränke gab, bauten die Brauereien Keller. Da in manchen Gegenden aber der Grundwasserspiegel recht hoch war, konnten diese nicht allzu tief unter die Erdoberfläche reichen. Als zusätzliche Isolatoren wurden also Kastanien über die Kellergewölbe gepflanzt, die sich dafür ihrer flachen Wurzeln wegen besonders gut eigneten. Dass irgendwann jemand auf die Idee kam, im Kastanienschatten Bierbänke zu platzieren, war nur eine Frage der Zeit.

117 Schnee knirscht erst ab minus sieben Grad

Wer das Knirschen des Schnees braucht, um eine Winterlandschaft richtig romantisch finden zu können, muss dafür frieren. Denn erst ab minus sieben Grad ist der Schnee dafür trocken und spröde genug. Die Schneekristalle sind ab dieser Temperatur so hart, dass sie bei jeder Belastung in tausende Stücke zerbrechen. Über minus sieben Grad sind die Kristalle weicher und biegsamer und knirschen nicht. Dafür lässt sich Schnee dann leichter formen, weshalb die Bedingungen für eine Schneeballschlacht oder für den Schneemannbau dann günstiger sind.

118 Der Altweibersommer ist keine Beleidigung alter Damen

Der Zeitabschnitt im Spätsommer oder zu Herbstbeginn, der sich durch stabiles Wetter und ein warmes Ausklingen oder eine Wiederkehr des Sommers auszeichnet, wird seit etwa dem Jahr 1800 auch hochsprachlich als Altweibersommer bezeichnet. Das Wort leitet sich keineswegs, wie es im Internet oft heißt, vom althochdeutschen Wort für »weben« ab, das den meisten Internetquellen zufolge »weiben« geheißen haben soll. »Weben« hieß auch im Alt- und Mittelhochdeutschen »weben« beziehungsweise »weban«, wenn auch mit einem kurzen »e« in der ersten Silbe. Von den im Altweibersommer herumfliegenden Spinnweben ist die Benennung aber dennoch inspiriert. Man sah in ihnen entweder das dünne weiße Haar alter Damen, die im Herbst ihres Lebens noch einmal von der Liebe erfasst worden sind, Gespinste von Elfen und Zwergen, oder aber auch die Fäden vom Rock der heiligen Jungfrau Maria, die übrig geblieben sind, nachdem die Mutter Gottes in den Himmel gefahren war. Im Jahr 1989 wollte es eine kämpferische Dame wissen. Die damals 78-Jährige zog vor das Landesgericht Darmstadt, weil sie sich durch die Verwendung des Begriffs in den Medien diskriminiert sah. Sie wollte, dass die betreffende Periode lieber als Spät- oder Nachsommer bezeichnet wird. Das Gericht wies ihre Klage ab.

119 Tornados können brennen

Autofahrer, die Ende August 2010 nahe der brasilianischen Stadt Araçatuba unterwegs waren, trauten ihren Augen nicht. Minutenlang sahen sie eine gewaltige Feuersäule über die Erde wandern. Es handelte sich um ein Naturschauspiel seltener Art. Ein Tornado war auf ein nach wochenlanger Dürre brennendes Zuckerrohrfeld getroffen und hatte die Flammen meterhoch in die Luft getragen. Die Ernte war natürlich verloren, aber immerhin wurde niemand verletzt. Im Jahr 1923 ging ein Feuertornado in der Nähe Tokios weit weniger glimpflich aus und forderte mehrere tausend Menschenleben.

120 Eine Kaltfront kann auch warmes Wetter bringen

Eine Laune der Wettergötter, die sogenannte maskierte Kaltfront, bringt wärmere Luft. Sie entsteht besonders im Winter, wenn sich in Bodennähe nach längerer Windstille Kaltluftseen gebildet haben. Die für eine Kaltfront typischen Luftbewegungen spielen sich dann in größerer Höhe ab, die daherströmende kalte Luft hebt die wärmeren Luftmassen an, die Temperatur in den höheren Schichten sinkt, ganz so, wie es auch sonst üblich ist. Am Boden wird es aber wärmer, weil durch die Luftbewegung der Kaltluftsee fortgefegt wird.

121 Das Aprilwetter ist typisch österreichisch

Aprilwetter ist weniger ein internationales, als vor allem ein typisch österreichisches Phänomen. Das hat mit dem Breitengrad zu tun, auf dem Österreich liegt.

Wenn der Frühling den Winter ablöst, gibt es extreme Temperaturunterschiede zwischen den Luftmassen, die aus dem Süden zu uns kommen, und denen, die aus dem Norden stammen. Treffen diese aufeinander, was meistens eben in unseren Breitengraden geschieht, verursachen sie ein enormes Tiefdruckgebiet. Zusätzlich kommt es zu starken vertikalen Luftbewegungen. Die kalte Luft erwärmt sich auf dem Weg nach Süden, steigt auf, und es kommt zu Regen. Sinkt hingegen die warme trockene Luft aus dem Süden ab, löst sie vorhandenes Gewölk schnell wieder auf. Das Ganze geht so lange weiter, bis sich diese Temperaturunterschiede weitgehend ausgeglichen haben.

122 Der Sauerstoff macht den Himmel blau

Hätte die Erde keine Atmosphäre, wäre unser Himmel schwarz. Besonders an den Sauerstoffmolekülen wird das Sonnenlicht aber gestreut, wobei sich das kurzwellige Blau am meisten durchsetzt. Das besonders intensive Himmelblau in der Dämmerung haben wir den physikalischen Eigenschaften der Ozonschicht zu verdanken. Deshalb wird die Zeit der Dämmerung auch oft als die blaue Stunde des Ozons bezeichnet. Einer mir nicht ganz nachvollziehbaren Messung eines britischen Instituts zufolge sollen die Einwohner von Rio de Janeiro den blauesten Himmel der Welt über ihren Köpfen haben, weil dort die Luft angeblich besonders sauber sei. Also nichts wie hin.

123 Bei einer totalen Sonnenfinsternis kann es hell bleiben

Wenn Sonne, Neumond und Erde auf einer Linie stehen und der Mond die Sonne verdeckt, verstummen die Vögel, der Himmel wird dunkel, Sterne werden sichtbar und die Temperatur fällt schlagartig um bis zu zehn Grad ab. Damit eine Sonnenfinsternis aber wirklich total ist, sodass man die Sonnenkorona sieht, muss der scheinbare Durchmesser des Mondes mindestens so groß sein wie der der Sonne. Das ist nicht immer der Fall, da weder der Mond noch die Erde genaue Kreisbahnen beschreiben. Ist der scheinbare Durchmesser des Mondes bei einer Sonnenfinsternis kleiner als derjenige der Sonne, so spricht man von einer Ringsonnenfinsternis. Die Korona ist nicht zu sehen. Stattdessen ist nur ein dunkler Fleck in der Mitte der Sonne erkennbar, während rundherum die Sonnenstrahlen leuchten, als wäre alles beim Alten. Aber dieses Schauspiel ist deshalb nicht weniger sehenswert.

124 Wetterleuchten ist ein weit entferntes Gewitter

Wetterleuchten ist kein eigenständiges Phänomen. Tatsächlich handelt es sich bei dem weißen oder orangeroten Leuchten am Himmel um nichts anderes als den Widerschein nicht direkt sichtbarer Blitze, die ein entferntes und folglich nicht hörbares Gewitter begleiten. Die Bezeichnung hat, wie so viele andere, in der Meteorologie eine unorthodoxe Entstehungsgeschichte. Das »Leuchten« kommt in diesem Zusammenhang nicht von »Licht«, sondern von dem mittelhochdeutschen »leichen«. Das bedeutete so viel wie »tanzen« oder »hüpfen«.

125 Hurrikane rasen nicht

Auch wenn Zeitungen oftmals von Hurrikanen berichten, die auf Städte »zurasen« würden: Ein Hurrikan bewegt sich als Ganzes mit etwa fünfzehn bis dreißig Kilometern pro Stunde. Rasend schnell ist jedoch die Rotation eines Hurrikans. Die kommt problemlos auf etwa die zehnfache Geschwindigkeit. Im sogenannten Auge des Hurrikans, also mitten im Zentrum des Wirbelsturms, ist es übrigens völlig windstill.

126 China hat zwei Chinesische Mauern

In China läuft seit der Kulturrevolution ein Umweltprojekt, das als Grüne Mauer bezeichnet wird: Durch Aufforstung mit den widerstandsfähigen und schnell wachsenden Pappeln sollte die Wüstenausbreitung gestoppt werden. Das funktionierte aber kaum, da die meisten Böden überhaupt nicht für eine Bepflanzung mit Bäumen geeignet waren, und die Bewässerung den Grundwasserspiegel zusätzlich belastete. Gleichzeitig waren die Monokulturen extrem anfällig gegen Schädlinge.

Dem soll nun durch Bepflanzung mit Mischwäldern Abhilfe geschafft werden. Außerdem sind längst genetisch veränderte Pappeln in Gebrauch, die toxische Substanzen produzieren und so Schädlinge fernhalten. Dabei ist aber größte Vorsicht geboten, denn die Schädlinge könnten bald ihrerseits mutieren und gegen diese Gifte resistent werden. Die Folgen wären unklar.

127 Regenbögen sind manchmal einfärbig

Das weiße Sonnenlicht besteht aus vielen verschiedenen Farben mit unterschiedlichen Wellenlängen, die von dem für unser Auge nicht sichtbaren kurzwelligen Ultraviolett bis zum ebenfalls unsichtbaren langwelligen Infrarot reichen. Ein Regenbogen entsteht, wenn Licht in eine Wand aus Regentropfen fällt und von ihnen reflektiert und gebrochen wird. Die unterschiedlichen Farben des Lichts werden in unterschiedlichen Winkeln gebrochen, und so wird das Licht in seine Spektralfarben aufgeteilt.

In seltenen Fällen kann ein Regenbogen dennoch einfärbig sein. Und zwar einerseits bei sehr tief stehender Sonne, wenn die rote Farbe des Sonnenlichts stark überwiegt. Andererseits kann ein Regenbogen auch weiß sein. Das kommt in seltenen Fällen zustande, wenn der Mond als Lichtquelle dient, weil das Mondlicht zu schwach ist, um in ihm Farben unterscheiden zu können. Außerdem wird ein Regenbogen weiß, wenn die Tröpfchen, die das Licht brechen, besonders klein sind, etwa bei Nebel. Dabei wird das Licht nämlich von den winzigen Tröpfchen wieder rückgestreut und die Spektralfarben vereinigen sich wieder zu weißem Licht.

128 Hochnebel ist ein anderes Wort für Stratuswolke

Stratuswolken, ein in Österreich häufig auftretender Wolkentyp, sind völlig strukturlos, liegen relativ tief und entstehen meist bei schwachem Wind, wenn die unteren Schichten der Atmosphäre feucht und kalt sind, zum Beispiel durch nächtliche Abkühlung, durch Zufuhr feuchter Luft oder durch Verdunstung nach starkem Regen. Sie bringen manchmal Nieselregen, zeigen aber in der Regel eine eher ruhige Wetterlage an. Stratuswolken können auch aus Nebel entstehen, wenn sich der Boden nach Sonnenaufgang erwärmt. Sie lösen sich oft bei Tagesanbruch oder innerhalb von 24 Stunden wieder auf. Bei Inversionswetterlage, also wenn warme Luft über der kalten liegt und die unteren Schichten nicht aufsteigen können, bleibt der Hochnebel jedoch auch gerne über mehrere Tage bestehen.

129 In der Früh und am Abend fehlt dem Sonnenlicht das Blau

Bei niedrigem Sonnenstand muss das Licht einen viel längeren Weg zum Beobachter auf der Erdoberfläche zurücklegen, weil es schräg durch die Atmosphäre einfällt. Dabei wird unterwegs eine größere Anzahl kurzwelliger blauer Lichtanteile seitlich weggestreut, als dies tagsüber der Fall ist. Übrig bleibt das Licht mit den langen Wellenlängen, und der Farbeindruck verschiebt sich stärker in Richtung rot. Der Staub in der Luft unterstützt die diffuse Lichtstimmung.

130 Erst ab 16 Grad kann es schwül werden

Als schwül empfinden wir die Luft, wenn ihre absolute Feuchtigkeit einen Grenzwert übersteigt. Dadurch wird unser natürliches Kühlsystem, das Schwitzen, beeinträchtigt. Deshalb scheint es in der Sauna nach einem Aufguss heißer zu sein. Da warme Luft mehr Wasser aufnehmen kann als kalte, das heißt, dass sie bei einer niedrigeren relativen Luftfeuchtigkeit eine höhere absolute Luftfeuchtigkeit erreicht, kann es nicht schwül sein, wenn es friert. Wenn 13,5 Milligramm Wasserdampf pro Kubikmeter als Grenzwert angenommen werden, liegt die Tiefsttemperatur, bei der es schwül werden könnte, bei 16 Grad. Denn bei dieser Temperatur ist die Luft mit

13,5 Milligramm Wasserdampf pro Kubikmeter schon vollkommen gesättigt. Bei 37 Grad reicht schon eine relative Luftfeuchtigkeit von nur 30 Prozent, damit es schwül ist.

131 Der Vollmond löst regelmäßig Brandalarm aus

Himmelsröte wird in der Regel mit Sonnenauf- oder Sonnenuntergang assoziiert, doch auch der Vollmond lässt den Himmel manchmal rot leuchten. Zwar erscheint die Sonne im Mittel um die 350.000 Mal heller als der Vollmond, das bedeutet aber nicht, dass die Erdatmosphäre nicht auch das Mondlicht filtern würde. So scheint der aufgehende Vollmond meistens blutrot. Angesichts des roten Scheins am Horizont lösen überraschte Beobachter immer wieder falschen Brandalarm aus. Auch bei einer totalen Mondfinsternis wird der Mond eher dunkelrot verfärbt als völlig verdunkelt. Das liegt daran, dass die Erdatmosphäre das Sonnenlicht so bricht, dass es den eigentlich von der Erde verdeckten Himmelskörper doch noch erreicht.

132 Hurrikane, Taifune und Zyklone sind fast dasselbe

Alle drei Bezeichnungen meinen die gleiche Art Wind, nämlich einen Tropensturm mit Windgeschwindigkeiten von mindestens 117,7 Kilometern pro Stunde, also ab Windstärke zwölf nach der zwölfteiligen Beaufortskala. Dabei spricht man in Amerika von Hurrikanen, die nach einem

Windgott der Maya, dem Huracan, benannt sind. Taifune sind Tropenstürme in Ostasien, Zyklone nennt man dagegen die Tropenstürme im südlichen Pazifik und im Indischen Ozean. Dabei ist ein Zyklon nicht mit einer Zyklone zu verwechseln. Diese ist lediglich ein Synonym für ein Tiefdruckgebiet. In Australien nennt man Zyklone übrigens »Willy-Willy«.

All diese Tropenstürme entstehen nach demselben Muster. In Äquatornähe verdunstet viel Wasser aus dem warmen Ozean und beginnt sich aufgrund der Corioliskraft, jener Kraft, die auf der Nordhalbkugel alle sich bewegenden Körper nach rechts und auf der Südhalbkugel nach links ablenkt, zu drehen. Deswegen können Tropenstürme auch nicht direkt am Äquator entstehen, weil dort die Corioliskraft zu schwach ist. Das heißt aber nicht, dass sie nicht in bestimmten Fällen zum Äquator ziehen könnten. Bei der Kondensation des Wasserdampfs in der Wolke wird außerdem Energie frei, die maßgeblich für die hohen Windgeschwindigkeiten verantwortlich ist. Man spricht von Kondensationswärme, dem Gegenteil der Verdunstungskälte.

Nicht zu verwechseln sind diese Tropenstürme allerdings mit dem Begriff Orkan, der in unserem Sprachgebrauch alle Winde mit zwölf Grad der Beaufortskala zusammenfasst. Deshalb kann sowohl ein tropischer als auch ein außertropischer Wirbelsturm als Orkan bezeichnet werden. In Europa werden Orkanwindstärken besonders dann erreicht, wenn polare mit warmen Luftmassen zusammentreffen und die Temperaturdifferenz besonders hoch ist.

133 Auch in trockener Luft kann Nebel entstehen

Gelangt trockene Kaltluft über einen See, erwärmt sie sich bis auf die Temperatur des Wassers. In der tieferen Luftschicht entsteht folglich zuerst ein Wasserdampfdefizit, das durch verdunstende Wassermoleküle ausgeglichen wird. Dabei steigt die erwärmte Luft stellenweise auf und kühlt wieder ab. So entsteht Nebel, der sich oft tagelang halten kann.

134 Der warme Föhn und die kalte Bora sind Geschwister

Das Wort Föhn kommt vom lateinischen Favonius, dem lauen Westwind der Römer. Die an der dalmatinischen Adriaküste auftretende Bora leitet sich hingegen vom Boreas, dem stürmischen und kalten Nordwind ab. Beides sind Fallwinde, und dennoch ist bei uns der Föhn sehr trocken und warm, während die mit Böen von bis zu 200 Kilometern pro Stunde daherstürmende Bora als kalt empfunden wird.

Der Unterschied liegt im Detail der Entstehung. Unser Südföhn muss erst die Alpen hochklettern, dort kühlt er ab und regnet sich aus, bevor er aus dem Hochgebirge in die Täler fällt. Weil sie nun trocken ist, erwärmt sich die Luft beim Abstieg mehr, als sie sich beim regnerischen Aufstieg abgekühlt hat.

Beim Fallwind Bora ist es etwas anders. Es handelt sich um polare Luftmassen, die den Weg aus Nordost in den Süden gefunden haben. Idealerweise werden sie von einem wärmeren Tief in der südlichen Adria angesaugt. Da das Gebirge in Kroatien nicht ganz so hoch ist wie die Alpen, und da die polare Luft ohnehin schon sehr kalt ist, auf jeden Fall kälter als die in der Adria vorhandene, spielt ihre leichte Erwärmung beim Abstieg vom Gebirge kaum eine Rolle.

Entscheidender ist der Anstieg der Windgeschwindigkeit durch den Fall und den Düseneffekt, bei dem der Wind an Engstellen konzentriert wird. Von diesem Phänomen ist besonders der Velebit-Kanal an der istrischen Küste betroffen, weshalb dieser in kroatischen Wetterberichten oft separat behandelt wird. Auch der ehemals österreichische Hafen Triest kennt diesen Wind sehr gut. Die Bora kann im Winter über eine Woche andauern.

135 Eis ist ein Mineral

Mit seinen in der Natur vorkommenden kristallinen Festkörpern wie Eiszapfen, Reif, Graupel, Hagel und so weiter zählt das Eis zu den Mineralien. Reines Eis ist durchsichtig und farblos. Eisblöcke erscheinen nur deshalb weiß, weil beim Vorgang der Erstarrung Luftbläschen eingeschlossen werden.

136 Gekenterte Eisberge sind grün

Kippt ein Eisberg um und schwimmt kieloben weiter, zeigt er sich grün. Das liegt am Algenbewuchs seiner ursprünglichen Unterseite.

137 Ein Tiefdruckgebiet saugt Luft nach oben

Das Wort »Tiefdruck« vermittelt den Eindruck, dass in einem Tiefdruckgebiet die Luft nach unten gedrückt wird. Genau das Gegenteil ist der Fall: Ein Tief saugt warme und feuchte Luft von unten nach oben, wo sie auskühlt und Wolken bildet. Deshalb bringt diese Wetterlage meist Regen und im Winter Schnee mit sich. Regionen mit sinkender Luft hingegen sind Hochdruckgebiete. Warme Luft sinkt von oben zur Erdoberfläche herunter, Wassertropfen verdunsten, und Wolken lösen sich auf.

138 In einer Gewitterwolke befinden sich bis zu hundert Millionen Tonnen Wasser

Eine Gewitterwolke, auch Cumulonimbus genannt, entsteht, wenn warme Luft, etwa durch eine Kaltfront, gezwungen wird plötzlich aufzusteigen. So kommt es zu starken vertikalen Strömungen, wobei Geschwindigkeiten von hundert Kilometern pro Stunde ganz normal sind. Diese Aufwinde sind in der Lage, gewaltige Mengen Wasser, manchmal in Form von riesigen Hagelkörnern, ziemlich lange Zeit in der Wolke zu halten. So kann ein einzelner Cumulonimbus durchaus hundert Millionen Tonnen Wasser mit sich herumtragen.

139 Männer werden fünf Mal öfter vom Blitz getroffen als Frauen

Der Grund dafür liegt wohl darin, dass sich Männer häufiger im Freien aufhalten und bei Gewittern weniger vorsichtig sind. Vielleicht wird die Emanzipation für eine Verschiebung in dieser Statistik sorgen.

140 Eisberge bestehen aus Süßwasser

Obwohl Eisberge auf dem Meer schwimmen, enthalten sie kein Salz, da sie von Gletschern stammen und keine Schollen von gefrorenem Meerwasser sind.

141 Der Donner ist ein Überschallknall

Der Donner entsteht, indem eine Druckwelle die Schallmauer durchbricht. Bei einem Blitz wird die Luft schlagartig bis zu 30.000 Grad heiß. Das Magnetfeld des Blitzkanals verhindert aber ihre Ausdehnung, da die Luftmoleküle geladen sind. Somit entsteht ein enormer Druck. Mit dem Ende des Blitzes bricht das Magnetfeld zusammen und die heiße Luft dehnt sich explosionsartig aus. Die so entstehende Druckwelle durchbricht die Schallmauer und erzeugt den Knall des Donners. Das Poltern und Rollen, das den Donner begleitet, ist eine gewisse Anzahl von Echos, die von den Wolken und der Landschaft widerhallen. Natürlich breitet sich das Geräusch des Donners dann mit Schallgeschwindigkeit aus. Diese ist bekanntlich langsamer als die des Lichts. Sie liegt bei

340 Metern pro Sekunde. Indem man nach dem Aufleuchten des Blitzes den Sekundenzeiger beachtet, kann man leicht die Entfernung des Blitzschlags ermitteln.

Ist bei einem entfernten Gewitter kein Donner zu hören, dann bedeutet das, dass es weiter als 18 Kilometer entfernt sein muss. Bei einer solchen Entfernung wird jeder Schall von der Atmosphäre verschluckt.

142 Korrekte Temperaturmessungen erfolgen zwei Meter über dem Boden

Damit Temperatur- und Luftfeuchtigkeitsmessungen internationalen Standards entsprechen, müssen sie in Wetterstationen erfolgen, die bestimmte Voraussetzungen erfüllen.

Die häufigsten Wetterstationen werden Wetterhütten genannt und sind kleine Kisten, die in zwei Metern Höhe angebracht sind, damit die Bodentemperatur nicht die Messung beeinflusst. Außerdem müssen sie in sicherer Entfernung von Hindernissen aufgestellt sein, und zwar doppelt so weit, wie das Hindernis hoch ist. Diese Wetterhütten haben Lamellenwände, damit die Luftzirkulation gegeben ist. Sie sind meistens aus Holz und weiß gestrichen, um möglichst wenig Wärme aufzunehmen. Ihr Eingang ist nach Norden hin ausgerichtet, da von dieser Himmelsrichtung aus auf der Nordhalbkugel nie die Sonne scheint. Innerhalb dieser Hütten werden Lufttemperatur und Feuchtigkeit gemessen. Der Anemometer, der für die Messung der Windstärke und Windrichtung zuständig ist, befindet sich natürlich außerhalb auf einem zehn Meter hohen Mast. Außerdem wird zum Vergleich die Erdbodentemperatur in verschiedenen Tiefen gemessen. Auch ein Messgerät für die Dokumentation der Sonnenstrahlung und ein Niederschlagsmesser fehlen nicht. Letzterer sieht aus wie ein Mistkübel und ist in einem Meter Höhe angebracht.

143 Eisregen ist für Autofahrer der gefährlichste Niederschlag

Eisregen ist selten Regen von Eis. Es handelt sich vielmehr um unterkühlte Wassertropfen, die beim Aufprall auf eine entsprechend kalte Fläche sofort gefrieren. Glatteis entsteht, und die besten Autoreifen helfen nicht mehr. Auf Autobahnen führt das leicht zu Massenkarambolagen.

Im Winter kommt es zu Eisregen, wenn nach einer Kälteperiode Warmluft in die Höhe aufgleitet und Niederschlag auslöst, während in Bodennähe weiter Kaltluft lagert. Das funktioniert wie die Durchlaufkühlung am Bierfass, bei der das Bier erst im Schlauch zwischen Fass und Zapfhahn gekühlt wird.

144 Graupel ist kein Griesel und auch kein Hagel

Bei der Niederschlagsart Graupel verklumpen Schneekristalle durch gefrierende Wassertröpfchen zu bis zu fünf Millimeter großen Kügelchen. Diese weisen eine geringere Dichte auf als die meist wesentlich größeren Hagelkörner und haben eine rauere Struktur, weshalb sie auch langsamer zu Boden fallen. Graupel entsteht ausschließlich bei Temperaturen um die null Grad.

Griesel entsteht auf die gleiche Art, allerdings ist der Durchmesser der Körnchen kleiner als ein Millimeter. Griesel bildet sich nur bei Temperaturen unter null Grad und fällt in geringen Mengen. Wie der Name andeutet, kann Griesel als mit dem Nieselregen verwandt angesehen werden. Beide Niederschlagsarten entspringen den Stratuswolken, die auch als Hochnebel bekannt sind.

Hagel hingegen kann sich nur in Gewitterwolken bei Temperaturen über dem Gefrierpunkt bilden. Die Wassertropfen, die von den Aufwinden in die höheren kalten Schichten geschleudert werden, um dort zu gefrieren, dürfen ja noch nicht zu Schnee kristallisiert sein. Da weiters die starken Aufwinde, die die wachsenden Hagelkörner in der Wolke halten, viel Energie benötigen, ist der Hagel im Gegensatz zu Graupel auf die warme Jahreszeit beschränkt.

145 Raureif kann Lawinen auslösen

Liegt innerhalb einer Schneedecke eine Schicht Raureif, ist die Gefahr einer Instabilität der Schneedecke und somit die Gefahr eines Lawinenabgangs hoch. Da sich der Schnee nicht gut mit dem Raureif verbindet, bildet letzterer eine Gleitschicht, auf der die darüberliegende Schneeschicht wie auf einer Rutsche talwärts sausen kann.

Raureif bildet sich, ähnlich wie Tau, bei hoher Luftfeuchtigkeit, aber bei Temperaturen von unter acht Grad. Wir kennen den Raureif besonders von Baumästen, die mit zahlreichen stacheligen Kristallen überzogen sind. Außerdem ist diese Art von Niederschlag den Autofahrern bestens bekannt, die ihn im Winter von ihren Windschutzscheiben kratzen müssen.

146 Klareis kann Start und Landung im Flugverkehr verhindern

Die Masse eines Flugzeuges kann sich durch den Ansatz von Klareis enorm erhöhen, sodass es nicht mehr steigen kann. Außerdem ist Klareis in der Lage, die Ruder zu blockieren oder die Strömung an den Tragflächen zu stören. Das Unterdruck-Überdruck-Verhältnis an den Flügeln stimmt dann nicht mehr und das Flugzeug hat eher die Eigenschaften eines Steins als die eines Vogels.

Glücklicherweise entsteht Klareis so gut wie nur am Boden. Es ist mit dem Tau verwandt, wird aber bei Temperaturen von knapp unter dem Gefrierpunkt in Form einer festen Eisschicht gebildet, gegebenenfalls begleitet von Eiszapfen.

147 Ein Hoch kostet mehr als ein Tief

Was jemandem schenken, der schon alles hat? Seit November 2002 besteht die Möglichkeit, am Institut für Meteorologie der Freien Universität Berlin Hoch- und Tiefdruckgebiete mit seinem Wunschnamen zu versehen. Taufpaten sind bisher über tausend Menschen aus dreizehn europäischen Ländern, sowie aus Japan und den USA. Die vergebenen Namen werden in den vom Institut für Meteorologie der FU Berlin verwendeten Wetterkarten genutzt und allen Wetterdiensten und Medien zur Verfügung gestellt.

Die Methode zur Erlangung einer Namenspatenschaft ist einfach. Man sucht einen Namen aus und kontrolliert auf der Homepage des Instituts, ob dieser noch frei ist, den Regeln entspricht und somit vergeben werden kann. Es werden nur standesamtlich anerkannte Vornamen zugelassen, die außer den deutschen Umlauten keine Sonderzeichen enthalten dürfen. Es dürfen keine Firmennamen sein. Ein Name wie »Xanthippe« oder »Joleen« ist offenbar standesamtlich anerkannt, »Pumuckl«, soweit ich weiß, nicht. Hochdruckgebiete kosten 299 Euro, die als Geschenk weniger schmeichelhaften Tiefdruckgebiete 199 Euro. Doppelnamen sind nicht möglich.

Außerdem versteigert das Meteorologie-Institut Anfangsbuchstaben von Namen auf Ebay. Zweimal dürfen wir raten, warum es diese Aktion gibt. Richtig: Die Uni hatte kein Geld mehr.

148 Schwarzeis lässt Schiffe sinken

Schwarzeis ist Eis, in dem keine Luftbläschen eingeschlossen sind. Es ist sehr fest und klar, weshalb es die Farbe des Materials annimmt, an dem es haftet. Das für Fußgänger und Autos gefährliche Glatteis ist eine seiner Erscheinungsformen.

Besonders gefährlich ist das Schwarzeis für Schiffe bei rauer See und niedrigen Temperaturen. Dann gefriert nämlich nicht nur das Wasser an Deck, was für die Besatzung die Rutschgefahr erhöht. Setzt sich das Eis am Aufbau des

Schiffes an, verschiebt es seinen Schwerpunkt empfindlich nach oben und macht es instabil.

149 Monsterwellen versenken Hochseeschiffe

Die höchste Monsterwelle wurde am achten Februar 2000 vom britischen Forschungsschiff RRS Discovery dokumentiert. Sie erreichte 29,1 Meter. Solche Wellen sind nicht mit Tsunamis zu verwechseln. Sie entstehen nämlich nicht durch Erdbeben oder Vulkanausbrüche unter Wasser, sondern durch Überlappung gewöhnlicher Wellen. Deshalb ist ihre Wellenlänge außerordentlich kurz, und sie ähneln eher einer wandernden Mauer. Eine Tsunamiwelle würde man auf offener See gar nicht erkennen. Erst durch den Aufprall auf das Festland entfaltet diese mehrere Kilometer lange Wassererhebung ihre Kraft.

Bis zum Jahr 1995 wurde angenommen, dass die Maximalhöhe einer Welle nur etwa 15 Meter betragen kann. Da die Belastungsfähigkeit der Schiffe nur auf solche Wellenmaßstäbe ausgelegt war, wurden nicht wenige Dampfer von den Monsterwellen versenkt, denn es ist unmöglich, sie einfach zu überqueren. Genauso könnte man versuchen, mit einem Auto die Chinesische Mauer zu überwinden. Dafür sollte man eher einen überdimensionierten Bagger verwenden.

So wurde etwa das schwere Transportschiff »München« mitsamt seiner 28 Mann starken Besatzung zu Weihnachten des Jahres 1978 vermutlich von einer Monsterwelle im Atlantik versenkt. Am 9. September 1980 sank das gewaltige, mit 157.000 Tonnen beladene, fast 300 Meter lange britische Frachtschiff Derbyshire südlich von Japan. Es ging so schnell, dass nicht einmal ein Notruf gesendet wurde. Sowohl die 42-köpfige Besatzung als auch zwei mitreisende Ehefrauen kamen ums Leben. Heute gilt als sicher, dass eine Monsterwelle für die Katastrophe verantwortlich war.

Auch Luxusliner werden nicht vom Willen der Meeresgötter verschont. Am 11. September 1995 wurde etwa die RMS Queen Elizabeth 2 von einer Monsterwelle erfasst, deren Höhe einigen Berichten zufolge 30 Meter überstieg. Es gab zum Glück nur Leichtverletzte. Es ließen sich noch zahlreiche weitere Beispiele anführen. Heute können diese wandernden Chinesischen Mauern aber auch per Satellit nachgewiesen werden. Sie sind wegen ihrer Gischtentwicklung vom Weltraum aus als weiße Streifen zu erkennen.

Es werden heutzutage drei Arten von Monsterwellen unterschieden. Ihre Entstehung und Beschaffenheit sind allerdings nicht genau erforscht. So gibt es die sogenannte »Weiße Wand«, die nach ihrer sehr kurzen Wellenlänge und starken Gischtentwicklung benannt ist. Weiters kennt man die »Drei Schwestern«. Das sind meistens drei aufeinanderfolgende Wellen, deren letzte am höchsten ist. Ob der Name durch das Drama von Anton Tschechow inspiriert ist, kann ich nicht sagen. Die »Freak Wave« zeichnet sich dadurch aus, dass sie nicht der Richtung des sonstigen Seegangs folgt.

150 Eisblumen sterben aus

Da Eisblumen so gut wie ausschließlich an schlecht isolierten Fensterscheiben blühen, sterben sie allmählich aus.

Schlecht isolierte Fenster sind auf ihrer Innenseite sehr kalt und entziehen der warmen Zimmerluft die Wärme. So kann die kalte Luft weniger Feuchtigkeit halten und die Scheibe beschlägt. Bei entsprechenden Temperaturen hat dieser Beschlag sofort die Form von Reif, bildet also Eisblumen. Je höher die Luftfeuchtigkeit im Zimmer ist, desto schneller wachsen diese Frostgewächse.

Damit eine Eisblume leichter Wurzeln schlagen kann, benötigt sie an der Glasfläche Unebenheiten wie Schmutzpartikel oder Kratzer. Heutige Fenster isolieren aber nicht nur besser, ihre Scheiben sind auch flacher als früher.

151 Hurrikane lassen sich mit Mikrowellen oder Öl aus der Bahn werfen

Dass es auf der Welt verrückte Ideen gibt, ist normal. Ebenso normal ist es leider, dass diese oft von den Medien ziemlich vorbehaltlos präsentiert werden.

So gibt es verschiedene Forschungsansätze, um Hurrikane künstlich aus der Bahn zu werfen oder abzuschwächen. Bereits in den 50er Jahren wurde damit experimentiert, die Wirbelstürme mit Silberjodid zu impfen. Silberjodid ist ein Salz, zieht deswegen Feuchtigkeit an und fördert auf diese Weise die Kondensation zu größeren Tropfen in einer

Wolke. So regnet sie sich aus, und das idealerweise an einem Ort, an dem es uns nicht stört. Solche Impfungen sind heute besonders zur Vermeidung von Hagelschäden üblich. Zur Vermeidung von Hurrikanen sind sie allerdings weniger hilfreich, da ein Wirbelsturm seine Energie vor allem aus der bei der Kondensation freiwerdenden Wärme bezieht. So kann eine Impfung mit Silberjodid leicht dazu führen, dass ein Hurrikan stärker wird, durch einen noch stärkeren Wind und Unterdruck noch stärker die Verdunstung an der Meeresoberfläche fördert und folglich weiter und weiter anwächst.

Eine neuere Idee wäre, in Satelliten die Mikrowellen des Sonnenlichts zu bündeln und mit ihnen den Hurrikan an bestimmten Stellen zu erwärmen, um die Luftströmungen zu beeinflussen. Idealerweise würde man die vertikale Temperaturdifferenz ausgleichen und die Luft so am Aufsteigen hindern. Einige Forscher hoffen, dass man auf diese Art zumindest die Bahn des Hurrikans ein wenig steuern könnte. Das Problem hierbei ist allerdings wieder, dass man bei der Entstehung eines Hurrikans noch überhaupt nicht weiß, wohin ihn seine natürliche Bahn führen wird. Steht er aber schon vor der amerikanischen Küste, ist er bereits zu stark geworden, um sich noch von irgendwelchen Mikrowellen aus der Fassung bringen zu lassen. Und außerdem: Wohin möchte man den Wirbelsturm denn lenken? Gegen das feindliche Kuba?

Eine weitere Methode zur Beeinflussung von Hurrikanen wurde von alten Seemännern inspiriert. Nahte ein Sturm, kippten die Matrosen Öl ins Wasser, um gleichsam die Wogen zu glätten. Eine Ölschicht auf dem Wasser verringerte die Verdunstung, die den Hurrikan mit der Energiequelle Luftfeuchtigkeit versorgt. Umweltfreundlich ist das freilich kaum.

Bill Gates hat eine ganz besonders dumme Hurrikan-Idee im Jahr 2009 patentieren lassen. Riesige Pumpen sollen kaltes Wasser aus den Tiefen des Ozeans an die Meeresoberfläche befördern, um diese abzukühlen und so die für den Hurrikan notwendige Verdunstung zu verringern. Er selbst sagte in einem Interview, dass es ihm nicht so sehr darum ginge, die Idee zu durchdenken, als mit ihr Geld zu verdienen, falls sie von jemandem anderen aufgegriffen wird. Hoffentlich wird sie das nicht, denn die tieferen Wasserschichten des Ozeans sind sehr nährstoffreich, was aber von den meisten Lebewesen kaum genützt werden kann, da in den Tiefen schlicht das Sonnenlicht fehlt. Gelangen diese Nährstoffe aber an die Oberfläche, stürzen sich sofort Blaualgen auf sie, die sich in weiterer Folge übervermehren. Das ist nicht gut. Erstens sind diese Tierchen ziemlich giftig und zweitens müssen auch sie irgendwann sterben. Bei ihrem Abbau durch andere Mikroorganismen wird der meiste im Wasser vorhandene Sauerstoff verbraucht. Tote Zonen sind die Folge.

Zum Glück für die Fische sind Tropenstürme sehr groß, bis zu 2000 Kilometern im Durchmesser, und man müsste deshalb auch eine gewaltige Fläche des Meeresspiegels kühlen. Auch das Auge des Hurrikans ist mit bis zu 350 Kilometern vom einen Ende zum anderen nicht gerade klein, sondern immer noch größer als das Staatsgebiet Österreichs. Gesetzt dem Fall, es würde reichen, das Meer nur unter dem Auge zu kühlen, würde man dennoch schätzungsweise an die Million

Pumpen benötigen, die noch dazu ziemlich mobil sein müssten, um das Auge auch zu treffen.

Ob sich Bill Gates nicht lieber seinen Computern widmen sollte? Damit verdient er doch schon genug!

152 Schnee wärmt

Eine Decke aus Neuschnee besteht von ihrem Volumen her zu 95 Prozent aus Luft. Und Luft ist ein idealer Wärmedämmer, das wissen wir aus der Erfahrung mit Daunendecken und Doppelglasfenstern. So schützt der Schnee im Winter zahlreiche Pflanzen und Tiere vor dem Erfrieren. Diese Eigenschaft wird auch beim Iglu genutzt.

Mit zunehmender Dichte nimmt jedoch die Wärmeleitfähigkeit des Schnees rasch zu, weshalb feuchter Altschnee weniger Schutz bietet.

153 Wärmekraftwerke lassen es schneien

Industrieschnee heißt der Niederschlag, den in die Luft abgegebener Wasserdampf- und Partikelausstoß von Kraftwerken und ähnlichen Anlagen auslösen kann. Der aus den Kühltürmen austretende Wasserdampf erhöht die Luftfeuchtigkeit, verschiedene Partikel wie Feinstaub dienen als Kondensationskerne. Auch zu Silvester kann es überraschend an Orten schneien, wo übermäßig viele Raketen abgeschossen werden. Bereits vorhandener Nebel oder Hochnebel, sowie ein schwacher Wind sind Voraussetzung für die Bildung dieser durch den Menschen hervorgerufenen Niederschlagsart. Industrieschnee ist feiner als normaler Schnee, da er bereits in wenigen hundert Metern gebildet wird und die Kristalle kaum Zeit haben zu wachsen. Das Phänomen ist außerdem auf den Umkreis von etwa zehn Kilometern um das Industriegebiet begrenzt. So kann es durchaus vorkommen, dass um die Wärmekraftwerke bei Linz zehn Zentimeter Schnee liegen, während der Rest von Oberösterreich trocken ist.

154 Mit einem Eiszapfen gelingt der perfekte Mord

Allerdings sind Eiszapfen nicht stabil genug, um als Stoßwaffe gebraucht werden zu können. Als Hieb- oder Schleuderwaffe vom Fenster im vierten Stock aus taugen manche Exemplare jedenfalls allemal. Schon die Mutter des Kult-Kommissars Kottan wusste, dass auf einem Eiszapfen keine Fingerabdrücke bleiben, weil er einfach wegschmilzt.

Die Gefahr, auf der Straße von einem Eiszapfen erschlagen zu werden, der sich von der Dachrinne gelöst hat, ist in Wien nicht ganz so hoch wie in manchen anderen Städten, weil die Dächer meist gut isoliert sind. Eiszapfen entstehen nämlich besonders dann, wenn durch das Dach Wärme abgegeben wird, die unterste Schneeschicht auf dem Dach langsam schmilzt und das Wasser an der Dachrinne wieder gefriert. Wind unterstützt das Zapfenwachstum, da mit seiner Hilfe das Wasser stärker verdunstet und durch Verdunstungskälte folglich weiter abkühlt.

Die Dächer von Altbauhäusern geben übrigens besonders wenig Wärme ab, solange die Dachböden leer bleiben. Als Isolator funktioniert dann die Luft. Wird ein Altbau allerdings um Dachwohnungen ergänzt, muss das Dach zusätzlich gedämmt werden.

155 Die bisher größte Schneeflocke maß 38 Zentimeter im Durchmesser

Die Riesenflocke fiel als eine von vielen am 28. Jänner 1887 in Fort Keogh im US-amerikanischen Montana und wurde von einem verblüfften Farmer gemessen. Auch in den letzten Jahren wurden Schneeflocken von unglaublichen 15 Zentimetern im Durchmesser gesichtet. Zum Vergleich: Eine durchschnittliche Schneeflocke misst fünf Millimeter und wiegt einige hundertstel Gramm.

So weit, so gut. Aber was haben wir da gerade als Flocke bezeichnet? Wenn eine Zeitung titelt, es gebe Schneeflocken in der Größe von Frisbees, sind wir vielleicht verleitet zu glauben, dass damit der sechseckige Eiskristall allein gemeint sei. Das stimmt aber freilich nicht. Unter einer Schneeflocke verstehen wir in diesem Zusammenhang das locker-flockige Gebilde, das durch die Verklebung mehrerer Eiskristalle zustande kommt. Je wärmer es ist, desto größere Flocken kann es geben, da das leicht angeschmolzene Eis klebriger ist. Und je größer eine Flocke ist, desto langsamer fällt sie zu Boden, da ihr Luftwiderstand bei fast gleichbleibender Dichte zunimmt.

Hört man hingegen, dass es noch nie zwei gleiche Schneeflocken gegeben hat, dann ist damit nicht in erster Linie die

Flocke als Ganzes gemeint, sondern einer der vielen einzelnen Kristalle, aus denen sie besteht.

156 Regenfabriken sollen staubtrockene Regionen der Erde befeuchten

In sehr trockenen küstennahen Erdregionen könnten riesige, besonders dunkle Planen aufgelegt werden, um Sonnenwärme zu sammeln. Dadurch soll sich die Luft an der Erdoberfläche zusätzlich erhitzen und zum Aufstieg gezwungen werden, um in höheren Schichten wieder abzukühlen. Regen wäre die Folge.

157 Wasser kristallisiert immer in denselben Winkeln

Aufgrund der Form eines Wassermoleküls kann Wasser bei seiner Kristallisation nur Winkel von 60 und 120 Grad bilden. Aus diesem Grund sind die Eiskristalle in Schneeflocken auch sechseckig. Ist es bei der Entstehung eines solchen Kristalls kälter, werden eher volle Sechsecke gebildet. Bei höheren Temperaturen neigt das Eis dazu, Dendrite, also baumähnliche Strukturen, zu bilden.

158 Tauchende Hunde könnten den Schnee ins Wasser fallen hören

Wenn Schneeflocken auf Wasser fallen, erzeugen sie schrille Töne mit einer Frequenz von 50 bis 200 Kilohertz. Verantwortlich dafür sind die in den Schneeflocken eingeschlossenen Luftblasen. Zwar können nun Hunde mit ihren empfindlichen Lauschern Frequenzen von über 50 Kilohertz durchaus wahrnehmen. Das Geräusch der auf das Wasser prallenden Flocken ist aber zu leise, um durch die Luft gut transportiert werden zu können. Wasser hingegen leitet den Schall besser. Würde der Hund also unter Wasser sein, könnte er die Musik des Schneefalls optimal genießen. Ich glaube aber kaum, dass sich ein Hund überzeugen lässt, im Winter ein erfrischendes Bad im Freien zu nehmen.

159 Im Kongo schlagen jährlich mehr als 70 Blitze pro Quadratkilometer ein

In Österreich zählen wir im Durchschnitt zwei bis drei Blitze pro Quadratkilometer jährlich. Im Kongobecken liegt die Zahl der jährlichen Blitzeinschläge bei mehr als 70 pro Quadratkilometer. Einerseits herrschen in den tropischen Urwäldern des Äquators sehr hohe Temperaturen und Luftfeuchtigkeit, und das begünstigt die Bildung von Gewitterwolken. Andererseits ist das Kongobecken besonders im Westen von einer hohen Gebirgskette begrenzt. So mischt sich die kühlere Gebirgsluft mit der heißen und feuchten Beckenluft. Dadurch werden die vertikalen Bewegungen der Luftmassen zusätzlich verstärkt.

160 In den USA hat es schon einmal bei plus 8,3 Grad geschneit

Üblicherweise schaffen Schneeflocken die Reise vom Himmel auf die Erde nur bei Temperaturen, die unter dem Gefrierpunkt liegen. In den USA ist alles möglich. Dort fiel schon einmal Schnee bei 8,3 Grad – plus, wohlgemerkt! Zu einem solch paradoxen Ausnahmefall kann es durch extrem trockene Luft kommen. Unter solchen Bedingungen kann in kälteren Luftschichten gebildeter Schnee als Flocke den Erdboden auch bei Temperaturen deutlich über dem Gefrierpunkt erreichen. Dabei schmelzen die Flocken nämlich nicht, sondern verdunsten direkt. Der Schnee wird dann aber gleichzeitig durch Verdunstungskälte gekühlt.

161 Die meisten Lawinentoten gibt es in Österreich bei Warnstufe drei

Am häufigsten passieren Lawinenunfälle bei der mittleren, dritten Warnstufe, weil dieser Wert offensichtlich am leichtesten unterschätzt wird. So können anscheinend erst die vierte und fünfte Warnstufe die Schneesportler von den strahlend weißen Hängen abhalten. Im langjährigen Durchschnitt kommt es jährlich zu etwa 100 Lawinenopfern im Alpenraum. Dieser Durchschnittswert wurde bis in die 50er Jahre des letzten Jahrhunderts aber oft durch Katastrophen, bei denen ganze Dörfer verschüttet wurden, weit übertroffen.

Im ersten Weltkrieg wurde zwischen Österreich und Italien vor allem in den Alpen gekämpft, wobei zehntausende Soldaten bei Lawinenabgängen starben. Diese wurden oft, aber bei weitem nicht immer, vom jeweiligen Feind ausgelöst.

Egal bei welcher Warnstufe man sich ins Gebirge begibt, man darf jedenfalls nie auf die richtige Ausrüstung verzichten. Neben einer Schaufel und einer Lawinensonde, also jenem zusammenklappbaren langen Stab, den man bei der Suche nach einem Verschütteten im Schnee versenkt, ist der sogenannte Pieps unentbehrlich. Dieser heißt korrekt »Lawinenverschüttetensuchgerät« und sendet in bestimmten Abständen ein Signal in der international normierten Frequenz von 457 Kilohertz. Gleichzeitig ist er in der Lage, das Signal auch zu empfangen.

Ich möchte nicht einen Lawinenabgang unbeschadet überleben und dann keine Ausrüstung haben, mit der ich nach meinen Freunden oder Angehörigen suchen könnte. Selbstverständlich darf man auch nicht auf das Handy vergessen, um gegebenenfalls die Bergrettung verständigen zu können.

162 Wasserdampf ist unsichtbar

In der Umgangssprache verstehen wir unter Wasserdampf fälschlicherweise die sichtbaren Schwaden, die aus dem Teekessel oder dem Suppentopf steigen. Es handelt sich dabei allerdings um bereits kondensierten Wasserdampf, wie er auch als Nebel oder in den Wolken vorkommt. Dieser ist im Prinzip flüssig, da er aus winzig kleinen Tröpfchen besteht. Ist das Wasser jedoch wirklich gasförmig, ist es unsichtbar wie Luft.

163 Lawinen rasen mit bis zu 300 Kilometern pro Stunde die Berghänge hinab

Schneebrettlawinen entstehen auf Hängen, die steiler als 30 Grad geneigt sind, und zeichnen sich dadurch aus, dass eine Schneeschicht wie ein Brett als Ganzes abrutscht. In steilem Gelände wird aus einer Schneebrettlawine oft eine Staublawine, bei der weiterer Schnee aufgenommen und aufgewirbelt wird. Eine solche Masse erreicht oft eine Geschwindigkeit von mehr als 300 Kilometern pro Stunde. Dadurch entsteht vor der Lawine ein sehr hoher Luftdruck, während es hinter der Lawine zu einem starken Sog durch Unterdruck kommt. Besonders der plötzliche Druckunterschied beim Vorbeiziehen der Lawine richtet unglaublichen Schaden an. Zusätzlich wird Schnee aufgewirbelt und durch den Fahrtwind der Lawine zu feinstem Staub zermahlen. Atmet man diesen ein, droht der Erstickungstod.

Vergleichsweise harmlos sind Lockerschneelawinen, die nicht wie die Schneebrettlawinen einen linienförmigen, sondern einen punktförmigen Anriss haben. Durch Kettenreaktion kann dann besonders der lockere Neuschnee talwärts gerissen werden.

164 Die meisten Wetterrekorde sind schon ziemlich alt

Die Wettermeldungen in den Medien werden immer reißerischer. Dadurch entsteht oft der Eindruck, dass das Wetter immer extremer wird. Dabei sind die meisten Extremwerte nicht gerade die Jüngsten.

So ist etwa der meiste Niederschlag innerhalb eines Jahres zwischen dem ersten August 1860 und dem 31. Juli 1861 im Indischen Cherrapunji verzeichnet worden: unglaubliche 26.461 Liter pro Quadratmeter, das ist fast 43-mal soviel, wie es in Wien in einem Jahr regnet! Der meiste Niederschlag pro Stunde fiel in den USA, im Städtchen Holt in Missouri am 22. Juni 1947. Es waren 304 Liter pro Quadratmeter. Das hat gewiss den einen oder anderen Keller überflutet. Die größten Mengen innerhalb von 24 Stunden regnete es mit 1870 Litern pro Quadratmeter am 15. und 16. März 1957 auf der Insel Réunion, dem kleinen französischen Übersee-Departement östlich von Afrika.

Die höchste offiziell anerkannte Temperatur herrschte im libyschen Al-Aziziyah. Flora und Fauna wurden dort am 13. Oktober 1922 bei 57,7 Grad Lufttemperatur im Schatten gegrillt. Die niedrigste bestätigte Temperatur herrschte auf der russischen Antarktis-Station Wostok mit minus 89,2 Grad am 21. Juni 1983. Somit ist dieser Ort der offizielle Kältepol der Erde. Im Jahr 1997 wurden dort sogar unbestätigte minus 91,5 Grad verzeichnet. Das russische Oimjakon in Jakutien ist der kälteste bewohnte Ort der Welt. Dort wurden im Jahr 1916 angeblich Temperaturen von minus 83,2 Grad gemessen. Der offizielle Tiefstwert liegt aber nur bei minus 67,7 Grad und wurde am sechsten Februar 1933 gemessen. Derselbe Ort ist für extrem winterliche Kältehochs bekannt. Am 13. Dezember 1968 drückten dort 1083,8 Hektopascal auf die Erde. Neu ist allerdings der Hitzerekord in dieser Stadt. Am 28. Juli

2010 herrschten dort 34,6 Grad. Der niedrigste gemessene Luftdruck herrschte am 12. Oktober 1979 mit 870 Hektopascal im Pazifik während des Taifuns Tip, des größten und heftigsten Wirbelsturms, der je beobachtet wurde. Von der Größe her hätte dieser Taifun ganz Europa bedeckt. Er erreichte Windgeschwindigkeiten von über 300 Kilometern pro Stunde, versenkte zahlreiche Schiffe, überflutete Japan, die Küsten Chinas und besonders die Philippinen. Ein so niedriger Luftdruck ist in der Lage, den Meeresspiegel im Auge des Sturms um über einen Meter anzuheben.

Die höchste Windgeschwindigkeit, wenn man von Tornados absieht, wurde auf dem australischen Barrow Island gemessen. Der Tropensturm Olivia bescherte den Bewohnern am 10. April 1996 ein kaum als angenehm einstufbares Lüftchen, das mit seinen 408 Kilometern pro Stunde alles, was nicht niet- und nagelfest war, das Fliegen lehrte.

Beim bisher gewaltigsten beobachteteten Tornado wurden mit einem Doppler-Radar Windgeschwindigkeiten von 496 Kilometern pro Stunde gemessen, wobei mit einer Schwankungsbreite von 33 Kilometern pro Stunde zu rechnen ist. Er ereignete sich am 3. Mai 1999 im US-Bundesstaat Oklahoma. Die Ortschaft Bridge Creek wurde dabei völlig dem Erdboden gleichgemacht.

Der meiste Schnee innerhalb eines Jahres fiel auf dem Mount Rainier im US-Bundesstaat Washington. Addiert waren es zwischen 19. Februar 1971 und dem 18. Februar 1972 ganze 31,1 Meter. Die größte Neuschneemenge innerhalb von vierundzwanzig Stunden belief sich auf 1,93 Meter zwischen dem 14. und 15. April 1921 in Silver Lake, das ebenfalls in den USA, im Bundesstaat Colorado, liegt. Zur größten Temperaturdifferenz innerhalb von 24 Stunden kam es in Loma, einem Ort im US-Bundesstaat Montana. Die Temperatur stieg dort zwischen dem 14. und dem 15. Januar 1972 von minus 47,8 auf plus 9 Grad. Das war ein Resultat des föhnähnlichen Fallwindes Chinook, der von den Rocky Mountains in die Great Plains strömt und den einigen noch vorhandenen Bisons Kopfschmerzen bereitet.

Die längste Trockenperiode ereignete sich nicht etwa in der Sahara, sondern in der Wüste Atacama im Norden Chiles. Sie dauerte fast ganze 173 Monate vom Oktober 1903 bis in den Jänner 1918.

165 Auf Hawaii kann es das ganze Jahr über regnen

Von Hawaii glaubt man, dass dort ganzjährig ideales Klima herrscht. Das stimmt auch, allerdings gilt das nur für die Südwestseiten der meisten Inseln. Das Klima des Urlaubsparadieses ist nämlich von feuchten Passatwinden aus Nordost geprägt. Diese steigen an den hohen Bergen auf und regnen sich aus. Auf der anderen Seite der Berge ist die Luft schon um einiges trockener. Als regenreichster Ort der Inselgruppe und vielleicht der ganzen Welt gilt der Gipfel des Berges Waialeale. Das heißt übersetzt »Plätscherndes Wasser«. Kein Wunder, denn es regnet dort durchschnittlich an 340 Tagen im Jahr.

Auf dem Waialeale ist es immerhin warm. Das kann man von den südlichen Orkney-Inseln nördlich von Schottland nicht behaupten. Wer dort Urlaub machen will, muss keine Sonnencreme mitnehmen, da er in die Gegend mit den wenigsten Sonnenstunden pro Jahr unterwegs ist. Jahrzehntelangen Messungen zufolge scheint dort im Durchschnitt nur 448 Stunden pro Jahr die Sonne. Das wären etwa nur 37 Sonnentage. Das ist bitter.

166 Schnee kann einfach verdampfen

Im Hochgebirge verschwinden Schneeflächen bei sehr trockener Luft manchmal trotz eisiger Kälte. In diesen Fällen wird der flüssige Aggregatszustand übersprungen und das Wasser geht direkt vom festen in den gasförmigen über. Wer seine Wäsche auch im Winter draußen aufhängt, weiß, dass sie trocknen kann, obwohl sie gefroren ist. Es handelt sich dabei um dasselbe physikalische Phänomen.

167 Jeder Mensch erzeugt täglich eineinhalb Kilogramm Wasserdampf

Wenn wir schwitzen, wird unser Körper gekühlt, und zwar nicht einfach dadurch, dass er nur nass wird. Für die Kühlung ist die Verdunstungskälte verantwortlich. Jedes Molekül, das verdunsten möchte, braucht dafür Energie. Diese entzieht es seiner Umgebung, also in unserem Fall besonders den anderen Molekülen im Schweißtropfen. Unsere Körperwärmeregulierung durch Schweiß funktioniert also nur dann, wenn er verdunstet. Dabei geben wir bei Zimmertemperatur, wenn wir normal bekleidet sind und auch sonst übliche Verhältnisse herrschen, täglich etwa ein halbes Kilogramm Wasserdampf ab. Ein weiteres ganzes Kilogramm verlässt unseren Körper mit der Atemluft.

Also sollte es nun niemanden mehr wundern, dass man besonders an heißen Tagen ausreichend trinken soll, und dass sich die Autoscheiben stark beschlagen, wenn fünf Menschen versuchen an einem Autobahnrastplatz für ein paar Stunden ein Nickerchen einzulegen.

168 Tiefdruckgebiete dürfen wegen der Gleichberechtigung nicht ausschließlich Frauennamen tragen

Im Februar 1990 sorgten zwei ungewöhnlich heftige Orkantiefs, die mit kräftigen Stürmen durch Deutschland zogen, für Furore. Vivian und Wiebke gingen durch alle Medien und beschworen eine Diskussion über die Namensgebung von Tiefdruckgebieten im Allgemeinen herauf. Die grimmigen Wetterphasen hatten nämlich ausschließlich weibliche Vornamen, wohingegen Hochdruckgebiete männliche bekamen. Die Diskussion erreichte 1998 ihren Höhepunkt, als Frauenrechtlerinnen eine ernstzunehmende Diskriminierung witterten. Warum sollten auch nur Frauen für Schlechtwetter und Todesopfer sorgen, Männer hingegen für Sonnenschein, wo doch Männer für die Gewalt und die Kriege in der Welt verantwortlich sind?

In Absprache mit dem Deutschen Wetterdienst und privaten Wetterfirmen einigte man sich schließlich auf einen jährlich wechselnden Turnus bei der Vergabe von Mädchen- und

Bubennamen. Der Brauch, Druckgebilden in Mitteleuropa zur besseren Verfolgung der Wettersysteme Namen zu geben, ist nur 56 Jahre alt. Seit 1954 wurden in alphabetischer Reihenfolge Tiefdruckgebiete mit weiblichen und Hochdruckgebiete mit männlichen Vornamen belegt. Nach zehn alphabetischen Durchgängen – das sind 260 Namen für Hochs und ebenso viele für Tiefs – durften wieder bereits verwendete Namen vergeben werden.

169 Das Geheimnis von Regentänzen ist Geduld

Der Trick mit dem vielzitierten Regentanz, der den Himmel zum Weinen bringen soll, ist ganz einfach. Er funktioniert, weil die Tänzer ihr Ritual erst beenden, wenn die ersten Tropfen aus den Wolken fallen.

170 Jeder Mensch trägt unentwegt eine Last von zehn Tonnen Luft

Wir können den Luftdruck nicht mit unseren Sinnen wahrnehmen, spüren aber schnelle und starke Schwankungen. Sogar im Aufzug können wir mit einem Druckgefühl in den Ohren reagieren. Tatsächlich lasten auf jedem Quadratmeter Erdoberfläche je nach Höhe über dem Meeresspiegel, Lufttemperatur und der sonstigen Wetterlage etwa zehn Tonnen Luft. Wir brechen nur deshalb nicht darunter zusammen, weil sie eben nicht nur von oben auf uns drückt, sondern von allen Seiten auf den Körper wirkt, auch von unten.

171 Grönland war von Wäldern bedeckt

Vor 800.000 bis 450.000 Jahren wuchsen dort üppige Nadelwälder, urzeitliche Insekten summten zwischen Erlen, Fichten, Kiefern und Eiben. Forschungsteams bohrten durch den heute zwei Kilometer dicken Eispanzer, der sich über der arktischen Insel erstreckt, und fanden Spuren längst verschwundenen Lebens und konnten sogar seine DNS entschlüsseln.

Heute gibt es nur in den südlichsten Buchten Grönlands ein bisschen Gras und Gestrüpp.

172 Ein Kubikmeter Luft wiegt 1,25 Kilogramm

Luft ist nicht schwerelos. Sie wiegt etwa 1,25 Kilogramm pro Kubikmeter. Das heißt, in einem mittelgroßen Altbau-Zimmer wiegt die dort enthaltene Luft bei normalem Luftdruck und einer Temperatur von circa 20 Grad rund 90 Kilo.

173 Während einer mittelalterlichen Warmzeit bauten die Wikinger auf Grönland Getreide an

Erik der Rote war ein rabiater Kerl. Wie sein Vater, der einst Norwegen verlassen musste und nach Island auswanderte, weil er einen Mann ermordet hatte, musste aus dem gleichen Grund im Jahr 982 Erik wiederum aus Island fliehen. Er landete mit seinen Gefolgsleuten im Südwesten Grönlands. Vier

Jahre später folgten vierzehn isländische Auswandererschiffe mit mehreren hundert Menschen an Bord, um das Land zu besiedeln. Fast ebenso viele Schiffe waren auf dem Weg untergegangen. Erik der Rote hatte wohl eine Affinität zu Farben, und nannte das von ihm in Anspruch genommene Land Grönland, also »Grünland«. Vielleicht spricht diese Benennung dafür, dass die Gegend damals recht fruchtbar war, vielleicht wollte Erik seiner neuen Heimat auch nur einen besseren Ruf verschaffen.

Jedenfalls war das südliche Grönland aufgrund der mittelalterlichen Warmzeit grün genug, dass Getreide angebaut werden konnte. Spätestens um 1550 erlosch die letzte nordische Siedlung in Grönland. Ein Grund war bestimmt die klimatische Abkühlung. Zusätzlich haben vielleicht Konflikte mit den Inuits für Probleme gesorgt.

In den letzten Jahrzehnten konnten auf Grönland, wie übrigens auch im heute kanadischen Neufundland, alte nordische Siedlungen ausgegraben werden.

174 Vor 100.000 Jahren gab es Donaupferde

Affen hüpften vor rund 100.000 Jahren frech vor der Nase der in der Donau schwimmenden Nilpferde, ich meine Donaupferde, herum. Ur-Elefanten, löwengroße Säbelzahnkatzen, Bärenhunde, schwerfällige Tapire, hornlose und zweihörnige Nashörner, krallenfüßige Huftiere und dreihufige Ur-Pferde trafen sich an den Donau-Gestaden zum Rendezvous, tranken köstliches Donauwasser, fraßen

Zimtrinde von den Zimtbäumen, tranken Orangensaft. Nur den Krokodilen war es nicht mehr heiß genug. Diese hatten sich nachweislich schon vor rund 15 Millionen Jahren aus Mitteleuropa verabschiedet. Ihr Fehler. Sie haben ein wahrhaft goldenes Zeitalter verpasst. Ich habe ganz vergessen zu erwähnen, dass es vor 100.000 Jahren auch noch kein Finanzamt, keinen Arbeitsmarkt und keine Wettervorhersage gab.

Verantwortlich für die exotische, aus heutiger Sicht fast subtropisch anmutende Population war natürlich das Wetter. Damals lag die mittlere Jahrestemperatur mit etwa elf bis fünfzehn Grad um rund fünf Grad über der heutigen, und es gab durchschnittliche Jahresniederschläge um die 1000 bis 1200 Millimeter. Heute sind es in Wien etwa 600 Millimeter.

175 Der Mai ist ein mathematischer Sonderfall

Der Mai hat eine mathematische Kuriosität zu bieten. Er beginnt immer mit demselben Wochentag wie der Januar des folgenden Jahres. Gleichzeitig beginnt kein anderer Monat desselben Jahres mit demselben Wochentag wie der Mai.

176 Pflanzen lieben Gift

Pflanzen verbessern erwiesenermaßen das Raumklima. Nicht nur die grüne Farbe ihrer Blätter wirkt sich positiv auf unser Wohlbefinden und unsere Konzentrationsfähigkeit aus, die meisten Gewächse reinigen auch tatsächlich die Luft von Giftstoffen. Wie wir wissen, wandeln Pflanzen mit ihrem Chlorophyll Kohlendioxid und Wasser zu energiereichen Kohlenwasserstoffen um und geben Sauerstoff ab. Dabei sind viele Pflanzen so gierig nach Kohlenstoff, dass sie es auch aus anderen Gasen als dem Kohlendioxid aufnehmen. So schlucken sie auch für uns giftige Stoffe wie Formaldehyd, das oft aus Textilien und neuer Einrichtung verdunstet, Nikotin oder Benzol. Manche Pflanzen sollen Studien zufolge sogar das für den Menschen, aber auch für das Chlorophyll giftige Kohlenmonoxid abbauen können. Oftmals weisen aber eher die Bakterien in der Blumentopferde, die mit den Pflanzen in Symbiose zusammenarbeiten, diese reinigenden Fähigkeiten auf. Besonders effizient sind jedenfalls die Kletterpflanze Efeutute und die Grünlilie mit ihren langen, schmalen, grünweißen Blättern.

Die NASA hat sich lange mit der Erforschung der Möglichkeiten befasst, mithilfe von Pflanzen ein gesundes Klima herzustellen. Der Hintergedanke der Amerikaner: Dies könnte ja bei der Besiedlung fremder Planeten oder auch auf Weltraumstationen von Nutzen sein.

177 Nur bei Kaiserwetter ging der deutsche Kaiser spazieren

Der deutsche Kaiser Wilhelm II. war für seine Abscheu gegenüber nicht ganz optimalen Wetterverhältnissen bekannt. Er ging meistens nur bei absolutem Sonnenschein hinaus, oft musste auf Festen vergeblich auf ihn gewartet werden. Deswegen wurde der wolkenlose Himmel Kaiserwetter getauft, wobei sich dieser Begriff auch in der Fotografie durchsetzte, weil im 19. Jahrhundert nur bei idealen Lichtverhältnissen gute Bilder mit Kameras gemacht werden konnten. Im NS-Regime, was würde man auch anderes erwarten, wurde das Kaiserwetter in Hitlerwetter umgetauft.

Im Gegensatz zum deutschen Kaiser Wilhelm schien der österreichische Kaiser Franz Joseph eher eine Affinität zu Kälte und rauen Bedingungen gehabt zu haben. Darauf könnte man zumindest aufgrund der Tatsache schließen, dass nach ihm einige sehr unwirtliche Gegenden benannt wurden, nämlich das Franz-Joseph-Land im Nordpolarmeer, weiters der Franz-Joseph-Fjord in Grönland und nicht zuletzt der Franz-Joseph-Gletscher in Neuseeland.

Bis heute trotzt der leidgeprüfte Kaiser Franz Joseph, immerhin wurde ein großer Teil seiner Verwandtschaft sowie seine Ehefrau Sisi im Lauf der Zeit ermordet, im Wiener Burggarten Wind und Wetter. Mit gesenktem Haupt steht er dort in Lebensgröße als alter Mann, von Monumentalität keine Spur.

178 Papyrus ist der beste Luftbefeuchter

Wer auf das Klima innerhalb seiner vier Wände schaut, sollte darauf achten, eine optimale Zimmertemperatur zwischen 19 und 22 Grad und eine relative Luftfeuchtigkeit von 40 bis 50 Prozent beizubehalten. Eine Luftfeuchtigkeit von unter 30 Prozent führt zur Austrocknung der Schleimhäute, begünstigt Halsschmerzen und Erkältungskrankheiten.

Außerdem wird in trockener Luft mehr Staub aufgewirbelt. Eine Luftfeuchtigkeit von über 70 Prozent provoziert Schimmelbildung und wird als schwül empfunden.

Ideale natürliche Luftbefeuchter sind Zimmerpflanzen, die besonders viel Wasser verbrauchen und es in weiterer Folge als Wasserdampf durch ihre Blätter abgeben. Der wasserliebende Papyrus sticht besonders hervor.

Eine Schale mit Wasser auf die Heizung zu stellen ist nicht so optimal, eher sogar unhygienisch.

179 Pollen sind in der Stadt aggressiver als auf dem Land

Feinstaub verändert die Wirkung von Pollen. So können sich ihre Allergene an den Feinstaub anheften und so tiefer in die Lunge gelangen. Außerdem gehen viele Schadstoffe wie Stickoxide oder Ozon Verbindungen mit den Allergenen ein, verändern ihre Struktur und machen sie so aggressiver.

Durch Abgase stark belastete Pflanzen verfallen gleichsam in Panik. Sie blühen dann schnell auf, als ob das ihre letzte Möglichkeit wäre, für Grünzeugnachwuchs zu sorgen. Gleichzeitig produzieren sie in ihrer »Hektik« auch mehr Allergene.

180 Erdgas ist ungiftig

Früher, als Gasherde und Gasöfen keine Sicherungen hatten, die das Ausströmen von Erdgas bei nicht entfachter Flamme verhindern, war es eine beliebte Selbstmordmethode, alle

Ventile zu öffnen und sich flach auf den Boden zu legen. Da das Erdgas schwerer ist als Luft, bleibt es in Bodennähe liegen und verdrängt die anderen Luftmoleküle. Liegt man in solch einem Erdgasteich auf dem Boden, kann man zwar ohne Probleme ein- und ausatmen, nur ist kein Sauerstoff mehr da, der in der Lunge aufgenommen werden könnte. Langsam aber sicher entschlummert man. Giftig ist das Erdgas deshalb nicht. Ganz im Gegenteil. Es reagiert mit unserem Körper überhaupt nicht.

Sehr wohl giftig ist dagegen Kohlenmonoxid. Dieses entsteht bei allen unvollständigen Verbrennungsvorgängen, also wenn zu wenig Sauerstoff vorhanden ist, als dass sich Kohlendioxid bilden könnte. Liegen wir nun in der Badewanne mit der Gastherme über dem Kopf und lassen lange Zeit das Warmwasser laufen, wobei wir die Tür verschlossen haben und es auch sonst keine Lüftungsmöglichkeit gibt, wird in der Therme nach einiger Zeit also aus Sauerstoffmangel Kohlenmonoxid statt Kohlendioxid erzeugt. Kohlenmonoxid bindet sich aber 325-mal leichter an unsere roten Blutkörperchen als Sauerstoff, nur dass unser Körper damit nichts anfangen kann. So etwas nennt man giftig.

181 Pollen machen nur drei Monate Verschnaufpause

Pollen machen zwischen der Herbst- und der Frühlingssaison nur noch drei Monate Pause. Im Oktober verabschieden sie sich mit den letzten Abflügen der Brennnesselblüten. Begrüßt werden allergische Nasen nach einer kurzen Schonfrist oft bereits im Jänner wieder von der Hasel und der Erle. Mittlerweile beginnt die Blühsaison in Europa um etwa drei Wochen früher als noch vor dreißig Jahren.

Besonders bei langer Trockenheit ist die Pollenintensität in der Luft sehr hoch. Regen hingegen zieht die Pollen zur Erdoberfläche.

182 Das Wetter verändert die Menschheitsgeschichte

Dürrekatastrophen haben im 22. Jahrhundert vor Christus für den Untergang des Alten Reiches in Ägypten und des Akkadischen Großreiches in Mesopotamien gesorgt. Ebenso endete die Zivilisation der Maya durch Dürre am Anfang des neunten Jahrhunderts unserer Zeitrechnung. In den 30er Jahren des letzten Jahrhunderts sorgten Dürrejahre für eine Entvölkerung ganzer Landstriche im mittleren Westen der USA.

Die Völkerwanderung in Europa wiederum, die zum Ende des Weströmischen Reiches führte, soll unter anderem durch eine Kaltzeit hervorgerufen worden sein. Diese lockte die Völker aus dem Norden und dem Osten Europas nach Südwesteuropa und Nordafrika.

Es ist leicht vorstellbar, dass ein stabiles Klima auch mit sozialer Stabilität einhergeht. So war sowohl während der Römerzeit als auch im Hochmittelalter die Stimmung passend zum Wetter, nämlich in Großen und Ganzen vergleichsweise sonnig. Während der Völkerwanderung und ab dem Beginn der Neuzeit aber, als Kälteperioden herrschten, verfinsterte sich auch das Gemüt der Menschen: Für Überschwemmungen, Missernten und Hungersnöte wurden Minderheiten verantwortlich gemacht. Hexenverfolgungen griffen um sich. Nicht zuletzt strauchelte auch noch die katholische Kirche. Es kam zu den Hussitenkriegen und schließlich zum Dreißigjährigen Krieg. Ein Blick in die Zukunft des Wetters wäre folglich ein Blick in die Zukunft der Menschheit. Aufgrund der Erderwärmung könnten nun Dürren und Wassermangel recht bald wieder zu Kriegen um das überlebenswichtige Nass führen. Auch Abwanderungen aus zu trocken gewordenen Regionen sind zu erwarten.

Dennoch ist auf jeden Fall klar, dass nicht jede menschliche Entscheidung vom Klima beeinflusst wird, sondern dass wir mit dem freien Willen gesegnet sind. Die meisten Kriege, und so auch die Weltkriege mit all ihren Auswüchsen, wird wohl niemand ernsthaft dem Wetter in die Schuhe schieben wollen. Der Kalte Krieg hatte schließlich auch nichts mit einer klimatischen Kaltzeit zu tun.

Es bleibt also zu hoffen, dass bei einer möglichen Erhitzung des Klimas und der Gemüter die Menschheit schließlich doch einen kühlen Kopf behalten kann.

183 Am schlechten Wochenendwetter sind wir selbst schuld

Wenn du deine Knödel isst, scheint am Sonntag die Sonne! Mitnichten. Die Knödel haben mit der Sonne rein gar nichts zu tun. Wenn aber jemanden das Gefühl plagt, dass es am Wochenende immer regnet, hat er nicht mal so unrecht. Das Wochenendwetter ist wirklich schlechter als das an Arbeitstagen, wenn auch nur ein wenig. Zu diesem Ergebnis kamen jahrzehntelange Beobachtungen an vielen Wetterstationen.

Der Grund für dieses eigenartige Phänomen liegt darin, dass unter der Woche von der Industrie, vom Verkehr und von Wärmekraftwerken in größerem Ausmaß Feinstaub und Wasserdampf in die Luft geschleudert werden, die die Wolkenbildung unterstützen. Die Konzentration dieser Partikel nimmt in der Luft also ab Montag langsam zu, bis sie meistens am Samstag kritisch geworden ist und es zu Niederschlägen kommt. Dieses Spiel beginnt jede Woche von vorne. So sind die Montage in der Regel am sonnigsten und trockensten, während die Samstage meistens regenreich und bewölkt sind. Diese Durchschnittswerte gelten aber vor allen Dingen für Ballungsräume, Industriegebiete und Landstriche, die von ihnen beeinflusst sind.

184 Die gefühlte Temperatur lässt sich auf keinem Thermometer ablesen

Die Temperatur, die wir empfinden, ist keineswegs identisch mit derjenigen, die tatsächlich herrscht. So wirkt sich Wind kühlend aus. Bei Temperaturen von unter zehn Grad ist Wind dafür verantwortlich, dass er körpernahe und somit wärmere Luftschichten wegbläst. Eine tatsächliche Temperatur von minus fünf Grad wird deshalb bei einem Wind von nur zehn Kilometern pro Stunde als beißende Kälte von fast minus zehn Grad wahrgenommen. Zur genaueren Berechnung der gefühlten Temperatur unter solchen Bedingungen gibt es den sogenannten Windchill-Index. Wind kühlt uns aber auch, wenn es heiß ist. Dann fördert er nämlich die Verdunstung unseres Schweißes, die Verdunstungskälte wird stärker.

Kaum verdunsten kann unser Schweiß hingegen, wenn die Luft bereits stark mit Feuchtigkeit gesättigt ist. Für dieses Phänomen gibt es wiederum den Hitze-Index. Nach einer im Jahr 1979 entwickelten Formel kann so die gefühlte Temperatur bei Werten von über 20 Grad berechnet werden. Es ergibt sich, dass eine Hitze von 50 Grad bei 90 Prozent Luftfeuchtigkeit als etwa 20 Grad heißer empfunden wird. Und diese Berechnung gilt auch nur dann, wenn man sich im Schatten befindet und nicht unbedingt in einer Daunenjacke barfuß über zu Magma aufgeschmolzene Steine hüpft. Bei üblicher Zimmertemperatur hat die Luftfeuchtigkeit jedoch kaum Einfluss. Umgekehrt fühlt sich feuchte Luft um den Gefrierpunkt kälter an als extrem kalte, aber dafür trockene Luft von zehn Grad minus.

185 Kleine Insekten können nicht nass werden

Kleine Insekten brauchen weder einen Regenschirm, noch müssen sie sich unter Blättern verstecken, um trocken zu bleiben. Sie werden vom Regen gar nicht getroffen. Denn die Luft, die Regentropfen beim Herunterfallen verdrängen, kommt einer winzigen Druckwelle gleich, die jedoch groß genug ist, um kleine Mücken zur Seite zu schieben.

186 Im Wind wachsen Steinpilze

Der Staub, den der Wind mit sich führt, nagt besonders in Wüsten wie ein Sandstrahlgebläse am Gestein und lässt im Laufe der Jahre skurrile Formationen, die sogenannten Pilzfelsen entstehen. Die schwereren, größeren Partikelteilchen bewegen sich dabei eher in Bodennähe und schleifen den Felsen dort stärker ab als in weiter oben liegenden Regionen. Der bekannteste steinharte und nicht zum Verzehr geeignete Steinpilz ist der Árbol de Piedra, also Baum aus Stein, in der Siloliwüste Boliviens.

Artverwandt mit den Pilzfelsen sind die österreichischen Wackelsteine im Waldviertel. Deren Pilzform ist jedoch nicht allein durch die Windkorrosion entstanden, sondern auch aufgrund von Härteunterschieden im Gestein. Voraussetzung für unsere Wackelsteine ist eine unter dem harten Felsen liegende weichere Schicht, die von Witterungsvorgängen wie Regen, Frost und Wind schneller durchgenagt werden kann.

187 Gänsehaut und Zähneklappern kommen aus der Steinzeit

Die durch Frieren entstehende Gänsehaut hat einen ebenso praktischen Nutzen wie das bekannte Bibbern, Zittern und Zähneklappern. In beiden Fällen wirft der Organismus das körpereigene Heizsystem an.

Beim Frieren ziehen sich die kleinen Muskeln an den Haarwurzeln der Haut zusammen. Dadurch stellen sich die Körperhaare auf. Der so entstehende Luftpolster um die Haut wärmt ein wenig. Aufgrund der stärkeren Behaarung unserer Vorfahren war der Effekt bei ihnen größer.

Der andere Frostalarm ist das Zittern, bei dem sich die Muskeln durch kurze Kontraktionen warm zu halten versuchen, indem sie so die eigene Durchblutung anregen. Dadurch schlottern die Knie und klappern die Zähne.

188 Ein nackter Mensch braucht mindestens 28 Grad Lufttemperatur

Erst ab 28 Grad kann ein unbekleideter Mensch seine notwendige Körpertemperatur problemlos und langfristig halten. Bei Temperaturen, die über längere Zeit darunter liegen, sollte bereits mit Aufwärmübungen begonnen werden.

19 Grad markieren den kritischen Punkt. Eine solche Außentemperatur kann der unbekleidete menschliche Organismus auf Dauer nicht aushalten, ohne dass seine Temperatur zu sinken beginnt. Kühlt es weiter ab, und liegen die

Temperaturen über eine längere Dauer unter diesem Wert, wird es für den Menschen gefährlich. Er beginnt zu zittern, alle 656 Muskeln sind in Aktion.

Körperliche Bewegung wie Hüpfen oder Laufen wirkt in so einem Fall bereits kontraproduktiv, weil sie den körperumhüllenden, isolierenden Luftpolster fortblasen würde. Besser ist, sitzen zu bleiben und beschwingt weiterzuzittern. Vielleicht kommt ja Hilfe.

189 Vögel sehen, wohin ein Gewitter zieht

Wenn sich ein Gewitter ankündigt, bemerken es viele Tiere früher als wir. Gelsen und Bremsen werden aggressiv, was vor allem am Vieh oder an Hunden gut zu sehen ist, die sich vor den mühsamen Attacken wehren müssen. Bienen bleiben in der Nähe ihres Stockes, und auch andere Insekten fliegen wegen der Veränderung der Luftdichte tiefer. Das nützen Fische, die vermehrt aus dem Wasser springen, um nach den Fliegen zu schnappen. Auch Schwalben ziehen dann ihre Kreise tiefer, vor allem über Wasserflächen ist das gut zu sehen. Ameisen haben viel zu tun, werden besonders emsig, müssen rechtzeitig alles in Sicherheit bringen, dann verkriechen sie sich.

Das Vieh wird unruhig, und das nicht nur wegen der mühsamen Angriffe von Bremsen und Gelsen. Auf den Almen sucht es eher den Weg bergab. Esel lassen die Ohren hängen und sind nicht von der Stelle zu bringen. Pferde scheuen eher, haben starken Stalldrang. Katzen verstecken sich und werden angriffslustig, sobald man ihnen zu nahe kommt. Aber diese Erscheinungen bei Tieren sind nicht gerade ein Wunder. Auch wir Menschen fühlen vor einem Gewitter die Schwüle der Luft und sehen die dunklen, nahenden Wolken.Bleiben vor dem Gewitter aber die Vögel am Himmel, so ist das ein Zeichen dafür, dass es an uns vorbeiziehen wird. Sie haben mehr Übersicht als wir auf dem Boden.

190 Menschen sind 80-Watt-Kraftwerke

Ich bevorzuge als Brennstoff Schnitzel, andere heizen mit Salat. Auf jeden Fall wird durch die Verbrennung unserer Mahlzeiten so viel Energie frei, dass ein Mensch ganz ohne Muskelkraft eine 80-Watt-Glühbirne am Leuchten halten könnte.

191 Mammuts sind am Ende der Eiszeit schuld

Mit dem Methan aus ihrer Verdauung sollen die Mammuts vor rund 15.000 Jahren die Erde erwärmt haben. Ähnliches tun zurzeit die Kühe. Aber auch Termiten legen sich nicht schlecht ins Zeug. Bei der Verdauung ihrer Lieblingsspeise, dem Holz, besorgen sie fast 15 Prozent der gesamten Weltmethanproduktion.

192 Sterben zehn Papageien, kommt ein zusätzlicher Pinguin zur Welt

Zu diesem Ergebnis kam eine Gruppe amerikanischer Forscher. Die Idee ist nicht so abwegig. Papageien leben meistens in tropischen Wäldern, die abgeholzt werden, weshalb es immer weniger dieser Vögel gibt, und die Erde sich gleichzeitig erwärmt. Das mag wiederum dazu führen, dass die Antarktis lebensfreundlicher wird, und sich deshalb die Pinguine vermehren. Aber man muss nicht alles glauben.

193 Geostationäre Wettersatelliten müssen in einer Höhe von 35.786 Kilometern fliegen

Um Meteorologen die Wettervorhersage zu erleichtern, sind seit den 60er Jahren Satelliten im All unterwegs. Sie erfassen meteorologische Vorgänge vor allem an Orten, wo eine Beobachtung unmöglich oder zu teuer wäre, beispielsweise über Ozeanen. Soll ein Satellit geostationär sein, also immer über demselben Ort bleiben, muss er in derselben Zeit die Erde umkreisen, die sie für eine Umdrehung um die eigene Achse benötigt. Dafür muss ein Ausgleich zwischen Zentrifugal- und Gravitationskraft geschaffen werden. Das ist für einen Satelliten mit üblicher Masse nur in einer Höhe von 35.786 Kilometern möglich. Er bewegt sich dann mit etwa 11.000 Kilometern pro Stunde, scheint von uns aus gesehen aber zu stehen. Ein geostationärer Satellit steht übrigens immer über dem Äquator, weshalb er sich nicht für die Beobachtung der Pole eignet. Dafür gibt es dann wieder andere, kompliziertere Umlaufbahnen, zum Beispiel den Tundra-Orbit.

Zum Vergleich fliegt die Internationale Raumstation in nur etwa 400 Kilometern Höhe und umkreist die Erde in etwa 90 Minuten. Sie nähert sich jährlich circa 150 Meter der Erdoberfläche an. Dieser Fall muss mit Triebwerkszündungen ausgeglichen werden, weil sie sonst in der Atmosphäre verglühen würde.

194 Die Erde dreht sich in weniger als 24 Stunden um sich selbst

Die Erde dreht sich nicht in 24 Stunden, sondern in 23 Stunden, 56 Minuten und 4,09 Sekunden einmal um die eigene Achse. Ein Tag dauert aber dennoch ziemlich genau 24 Stunden. Mir wird schwindlig. Aber es ist in Wirklichkeit ganz einfach. Da sich die Erde zusätzlich zur Rotation um die eigene Achse auch noch um die Sonne dreht, muss sie sich immer ein bisschen mehr um die Eigene Achse drehen, bis die Sonne wieder zu sehen ist. Das macht die Differenz von knapp vier Minuten aus.

195 Bienen und Schmetterlinge können UV-Licht sehen

»Ultra« bedeutet »jenseits«. Ultraviolette Strahlung liegt also jenseits der violetten, das heißt, sie weist noch kürzere Wellenlängen auf. Für uns ist sie nicht sichtbar, wenn auch bei besonders kurzen Wellenlängen sehr gefährlich, weil sie dann Zellen zerstören kann. Viele Tiere können sie jedoch bis zu einem gewissen Grad wahrnehmen.

Zahlreiche Pflanzen locken Insekten mit sogenannten UV-Malen an, die ultraviolette Strahlung reflektieren. So findet die Biene sicher in die Blütenmitte. Auch reife Bananen strahlen grell bläulich, wenn sie mit ultravioletten Strahlen beleuchtet werden. Vermutlich machen sich die für uns gelben Früchte so für bestimmte Fledermausarten sichtbarer. Diese wiederum sind nett und fressen die Bananen erst, wenn sie reif sind. Dann verteilen sie die Bananensamen mit ihrem Kot weiter.

In der Kriminalistik wird ultraviolettes Licht zum Aufspüren von Blut- und Spermarückständen benutzt. Wer oft auf Partys geht, kennt das sogenannte Schwarzlicht. Es handelt sich um vergleichsweise lange UV-Wellen, die nicht schädlich sind, und besonders weiße Kleidungsstücke wie etwa Unterhosen unter transparenten Kleidern zum Leuchten bringen. Mit einem schwarzen Filter lässt sich das Schwarzlicht also nicht herstellen.

196 Wetterhähne wollen uns zum Christentum bekehren

Der Wetterhahn gehört zu den am weitesten verbreiteten Windfahnen überhaupt. Aber warum ausgerechnet ein Hahn?

Vermutlich geht die Verwendung dieses Tiers auf die Bibelstelle zurück, in der Jesus dem Apostel Petrus prophezeit: »Ehe der Hahn krähen wird, wirst du mich dreimal verleugnen.«

Und so kam es auch: Als der Hahn krähte, war dem Apostel alles klar, und er schämte sich dafür, ein Feigling gewesen zu sein. Bis zu seinem Märtyrertod verbreitete er dann den neuen Glauben. Der Hahn ist also eine Mahnung, sich nicht wie ein Fähnchen nach dem Wind zu drehen, sondern dem christlichen Glauben treu zu bleiben. Von der ältesten bekannten Windfahne berichtet der römische Architekt Vitruv. Sie war in Athen auf dem hundert Jahre vor Christus erbauten Turm der Winde angebracht, der bis heute sehr gut erhalten ist. Die Wetterfahne aus Bronze allerdings, die den Meeresgott Triton darstellte, ist verloren. Die ältesten Berichte über Hähne auf Kirchtürmen stammen aus dem neunten Jahrhundert unserer Zeitrechnung.

197 In der Sahara kann es schneien

Am 28. Jänner 2005 lag in der Sahara das letzte Mal Schnee, und das in gar nicht so kleinen Mengen. Er legte halb Nordafrika lahm, da Länder wie Algerien natürlich über keine professionellen Geräte zur Schneeräumung verfügen. Warum auch, wenn es zu so heftigen Schneekalamitäten bestenfalls einmal in fünfzig Jahren kommt. Im Jahr 2005 war für die Schneegestöber und Minusgrade in der Wüste ein Zusammenspiel des Tiefs Karlheinz und des Hochs Cornelia verantwortlich. So gelangte Polarluft an Orte, die sie wohl nie zuvor gesehen hat.

198 Ein Flugzeug startet und landet immer bei Gegenwind

Beim Start und bei der Landung unterstützt der Gegenwind den Auftrieb von Flugzeugen. Daher werden die Flughäfen so angelegt, dass diese Manöver stets gegen die vorherrschende Windrichtung vorgenommen werden können.

199 Das Sturmglas hat keine Ahnung vom Luftdruck

Der im neunzehnten Jahrhundert lebende britische Kapitän und spätere Admiral Robert FitzRoy war ein guter Freund von Francis Beaufort, dem Entwickler der bekannten Windstärken-Skala, und von Charles Darwin, auch wenn er mit dessen Evolutionstheorie nicht einverstanden war. FitzRoy hat sich um die Royal Navy und um die Meteorologie überhaupt sehr verdient gemacht, weshalb er oft als der erste Meteorologe bezeichnet wird.

Er führte Barometer auf allen britischen Schiffen ein und entwickelte das sogenannte Sturmglas, das er auf einer Reise mit dem jungen Charles Darwin gemeinsam testete. Es handelt sich um ein einfaches, verschlossenes Reagenzglas, das mit einer Lösung aus Kaliumnitrat, Ammoniumchlorid und vor allem Kampfer gefüllt ist. Je nachdem, wie viele und welche Art von Kristallen der Kampfer in der Lösung bildet, kann man auf unterschiedliche Wetterentwicklungen schließen. Grundsätzlich sprechen wenige Kristalle für gutes, viele Kristalle hingegen für schlechtes Wetter.

Erst in den letzten Jahrzehnten wurde genau untersucht, wie das Gerät funktioniert. Da die Kristallbildung nicht davon abhängig ist, ob das Glas verschweißt ist oder nicht, ist es klar, dass sie weder durch den Luftdruck noch durch die Luftfeuchtigkeit beeinflusst wird. Es muss also etwas anderes geben, das Wetterveränderungen anzeigt. Zahlreiche Experimente haben ergeben, dass die leichten elektromagnetischen Impulse, die unter anderem bei der Reibung von Luftmassen entstehen, für die Kristallbildung verantwortlich sind. Sie treten am stärksten in Kaltfronten und Gewitterwolken auf.

200 Regenwürmer sind wie U-Boote

Man sagt, dass Regenwürmer auf den Gehsteigen und Wegen Regenwetter anzeigen. Ich persönlich habe diese für das Erdreich so wichtigen Tierchen allerdings bisher immer nur während eines Regengusses oder sogar erst danach in großen Mengen sich durch die Gegend winden gesehen, und das auch nur bei wirklich starken, kräftigen Regenfällen. In meiner Annahme, dass die Regenwürmer das Wetter nicht voraussagen können, wurde ich von der Wissenschaft bestätigt.

Was mich vielmehr verwundert hat, sind die zahlreichen Theorien dazu, warum die schleimigen Zeitgenossen bei Regen ihre Gänge verlassen. Eine zwar eher volkstümliche, dafür aber dominante Erklärung ist, dass sie Angst vor dem Ertrinken haben. Das kann aber nicht sein, weil Regenwürmer durch ihre spezielle Hautatmung auch gelösten Sauerstoff aus dem Wasser aufnehmen können. In sauerstoffreichem, kühlem Wasser können sie so mehrere Wochen überleben. Es wurde sogar nachgewiesen, dass ein mehrstündiges Wasserbad für sie durchaus bekömmlich, ja geradezu heilsam ist. Diese Tatsache macht sie für Fischer zu beliebten Ködern, da sie sich auch am Haken aufgespießt recht lange weiterwinden. Ein plausiblerer Grund, warum sich die Regenwürmer bei Regen auf der Oberfläche zeigen, wäre also, dass sie ein angenehmes, kühles Bad nehmen möchten.

Es wurde aber nachgewiesen, dass die Regenwürmer nicht dann hervorkriechen, wenn der Boden nass wird, sondern dann, wenn das Klopfen der Regentropfen erklingt. Verstreut über ihre gesamte Oberfläche verfügen Regenwürmer über Zellen, die Bodenerschütterungen wahrnehmen. Das schützt sie vor Fressfeinden wie Maulwürfen. So wäre es durchaus möglich, dass das starke Prasseln des Regens in ihnen einen Fluchtreiz auslöst, das heißt, sie glauben, ein Maulwurf sei ihnen auf den Fersen. Oder eher auf der Ferse, denn über mehr als eine verfügt ein Wurm wohl nicht.

Eine andere Theorie beruht auf demselben Ansatz. Die Regenwürmer nehmen das Regenprasseln wahr, was zu einem Schlüsselreiz führt, der sie an die Oberfläche kriechen lässt, damit sie sich auf dem nassen Boden schneller an entfernte Orte bewegen können, um diese zu besiedeln.

201 Roy Cleveland Sullivan überlebte sieben Blitzschläge

Roy Cleveland Sullivan wurde im Laufe seines dramatischen Lebens insgesamt siebenmal vom Blitz getroffen.

Vier von zehn Menschen erliegen ihren Verletzungen, wenn ein Blitz sie einmal trifft. Sechs der sieben Blitze trafen den Forstbediensteten an seinem Arbeitsplatz in einem Nationalpark in Virginia. Die Wahrscheinlichkeit, siebenmal vom Blitz getroffen zu werden, liegt für einen Normalsterblichen bei eins zu sechzehn Quadrillionen. Sullivan arbeitete allerdings viel im Freien, und noch dazu in einer Gegend, in der Gewitter keine Seltenheit sind.

Die sagenhafte Blitzchronlogie im Überblick:

1942 schlägt ein Blitz in einem Feuerwachturm ein. Dummerweise schiebt Sullivan gerade dort zu dem Zeitpunkt seine Schicht. Der Blitz verbrennt seinen Fuß.

1969 nimmt sich ein Blitz einen LKW auf einer verlassenen Landstraße vor. Sullivan ist natürlich der Fahrer. Seine Augenbrauen fangen Feuer, und er selbst fällt in Ohnmacht.

1970 kommt ein Blitz zu Sullivan bis nach Hause. Der menschliche Blitzableiter steht im Vorgarten und kassiert einen Schlag gegen die Schulter.

1972 frisiert ein Blitz Sullivans Haupthaar und macht sich darin ein Lagerfeuer. Sullivan stellt fest, dass es so nicht weitergehen kann und trägt von dem Zeitpunkt an immer eine Flasche Wasser als Löschwerkzeug mit sich.

1973 verlässt Sullivan sein Auto, um im dichten Regen die Wasserflasche nachzufüllen, die er gerade ausgetrunken hat. Sofort trifft ihn ein Blitz und zündet seine Haare an. Sullivan schwört, abgesehen von der Wasserflasche immer noch eine Flasche Limonade als Getränk mitzuführen.

1974 herrscht über dem Campingplatz, für den Sullivan zuständig ist, ein heftiges Gewitter. Er vernimmt ein verdächtiges Geräusch. Es hört sich an wie Kinderweinen. Er packt seine Wasserflasche und eilt in den Sturm hinaus, um zu sehen, ob alle wohlauf sind. Ein Blitz verbrennt ihm die Ferse.

1977 klagt Sullivan über Depressionen. Er vergisst die Wasserflasche oft und vielleicht auch mit Absicht, geht regelmäßig angeln – vornehmlich, wenn es gewittert. Er wird wieder getroffen, erleidet am ganzen Körper Brandwunden, überlebt aber. Ein Lachs von mindestens fünf Kilogramm reißt sich vom Haken los.

1983 begeht Sullivan 71-jährig Selbstmord mit einer Schusswaffe. Er hatte Liebeskummer.

Ursula Baatz:
Was kann Gott?
Die Macht unserer Gottesbilder über uns

Die Gottesbilder, die wir uns schaffen, beeinflussen die gesamte Gesellschaft. Sie verändern Politik, Wirtschaft und Kultur: Die Wissenschafts- und Religionsjournalistin Ursula Baatz zeigt, wie Gottesbilder entstehen, was sie bewirken und welche Gefahren von ihnen ausgehen.

Hardcover mit Schutzumschlag
192 Seiten, EUR 19,95 / CHF 33,90
ISBN 978-3-99001-017-4

Mirko Kovats
Die Sowjets hatten recht
62 Thesen eines Querdenkers

Der Industrielle Mirko Kovats analysiert schonungslos den Ist-Zustand der Republik und entwirft einen Sanierungsplan für mehr Wohlstand und Wirtschaftswachstum. Seine Thesen sind kontroversiell: Die Steuern müssen vorübergehend rauf, unsere wirtschaftliche Zukunft liegt in Afrika und der sowjetische Rubel hatte Vorteile gegenüber dem Euro. Außerdem legt Kovats sein persönliches Erfolgsgeheimnis dar: Er habe, meint der milliardenschwere Konzernchef, sein Leben lang einfach immer das Gleiche getan.

Hardcover mit Schutzumschlag
208 Seiten, EUR 19,95 / CHF 33,90
ISBN 978-3-99001-015-0